网络短视频创作

公伟宇 ■ 编著

高等院校艺术学门类
"十四五"系列教材

U0172090

A R T D E S I G N

华中科技大学出版社
http://www.hustp.com
中国·武汉

内 容 简 介

本书从网络短视频专业内容生产的角度入手,结合融媒体时代背景下网络短视频的市场运营与发展策略,内容涵盖短视频及新媒体领域的专业理论与实践应用,重点从网络短视频的媒介特征、平台分析、内容类型、团队构建、策划要素、创作要求以及运营等方面,为网络短视频的创作提供专业的理论和实践指导。

本书案例丰富、篇幅精练,内容体系完善,专业实践性强,适用于各高校相关专业的学生,以及网络短视频创作和新媒体运营等相关行业的从业者与爱好者。

图书在版编目(CIP)数据

网络短视频创作/公伟宇编著.—武汉:华中科技大学出版社,2022.1(2024.7重印)

ISBN 978-7-5680-7729-3

I.①网… Ⅱ.①公… Ⅲ.①视频制作 Ⅳ.①TN948.4

中国版本图书馆 CIP 数据核字(2021)第 252871 号

网络短视频创作   公伟宇 编著
Wangluo Duanshipin Chuangzuo

策划编辑:彭中军

责任编辑:段亚萍

封面设计:优 优

责任监印:朱 玢

出版发行:华中科技大学出版社(中国·武汉)   电话:(027)81321913

　　　　　武汉市东湖新技术开发区华工科技园   邮编:430223

录　排:武汉创易图文工作室

印　刷:武汉市洪林印务有限公司

开　本:880 mm×1230 mm　1/16

印　张:8.5

字　数:275 千字

版　次:2024 年 7 月第 1 版第 3 次印刷

定　价:59.00 元

目录
Contents

1

Wangluo Duanshipin Chuangzuo

第1章
网络短视频创作概论

自 2016 年以来,网络短视频成为广受大众喜爱的娱乐文化方式,涌现出了一大批诸如 papi 酱、李子柒等借助于各大网络短视频平台而迅速成长起来的现象级"网红"。网络短视频的火爆,不但体现了大众文化的张力与活力,也拓展了大众对于文化建构的维度,从而使网络短视频成为一种崭新的大众文化形态,带动了全民参与的热情,促使更多的网友加入到这场大众文化的盛宴中来。

网络短视频不但改变了人们的日常娱乐方式,同时也带来了巨大的行业前景和产业变革。各大短视频平台的崛起,改变了网络视频生产的产业格局,并形成了自成一体的全产业链模式。在可预见的未来,网络短视频在大数据和 5G 技术的助力之下,必将绽放出更为耀眼的光芒。

1.1
网络短视频:读图时代的网络视觉文化产品

信息作为人们认识世界和改造世界的重要内容,其存在和传播通常需要借助于一定的载体,例如声音、文字和图像等,都是信息传播和表现的媒介。随着人类社会生产力和科技水平的不断发展与进步,信息的传播媒介和形式也在不断地发生变化,从口语传播到电子传播,从静态的图文记载到动态的视听影像,发展到当今的网络传播时代,信息正以前所未有的形式和规模涌入到人们的日常生活中。

互联网全通道式的传播特点,使人们对信息的认识和需求也发生了巨大的改变。人们越来越重视信息获取的效率,而在海量信息面前,通过文字阅读的方式处理信息,不但效率较低,也无法满足人们对信息进行快速处理与阅读的需求。相较于文字传播的局限性,图形图像在信息传播中,可以使信息内容的表现更加直观、生动,能够更好地发挥网络传播表现形式立体化的优势,使信息的传播效果和传播效率更高,从而改变了文字在信息传播中的主导性地位,开启了人们信息获取与阅读习惯的"读图时代"。

读图时代的到来,推动了视觉文化的快速发展。作为一种以视觉形象为主要表现形式的文化形态,视觉文化强调将一切事物进行视像化的表达。它不仅改变了信息传播的方式,也影响了人们的观念和思维方式。在视觉文化潜移默化的熏陶下,人们逐渐习惯于形象化的思维方式,视像化已经成为信息传播的主导形态,并呈现出鲜明的图像压倒文字的趋势,网络时代下的视觉文化,呈现为一种崭新的视觉信息文化。网络短视频作为互联网技术和视觉文化相互作用下的产物,它的崛起打破了传统视频内容的传播速度与节奏,其"短"而"视像化"的传播特点,既满足了互联网时代信息高效传播的需求,又能够以生动直观的视觉形式赋予受众沉浸化的体验,迎合当下人们追求个性化和互动分享的生活理念。因此,网络短视频的出现受到了广大网民的热烈追捧。

据 CNNIC 统计,截至 2020 年 6 月,我国网络视频(含短视频)用户规模达 8.88 亿人。其中,短视频用户规模为 8.18 亿人,占网民整体的 87.0%(见图 1-1)。

相较于文字、图片和传统长视频,网络短视频以其时长短、内容相对完整、信息密度大的传播特点,成为当下最热门的大众文化形式。网络短视频的出现,不仅满足了人们在互联网时代背景下碎片化、视觉化社交的需求,解决了大众在不同场景下社交、记录、分享和娱乐的需要,也形成了独特的产业生态,使其成为信息化时代中注意力经济与体验经济的成功范式。

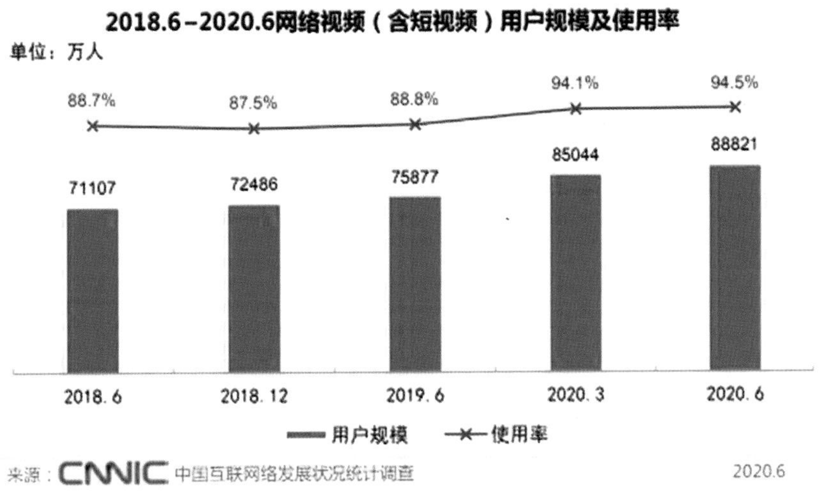

图 1-1　2018—2020 年网络视频(含短视频)用户规模及使用率

1.2
网络短视频的定义

随着移动互联网终端的广泛普及和网络的提速,网络短视频以其短、平、快的大流量传播优势,得到了各大网络平台和广大用户的青睐。

当下对于网络短视频的定义方式较多,本书主要立足于网络短视频的媒介传播形式和内容生产特点来对其进行定义。

首先,从网络短视频的媒介传播形式来看,网络短视频主要依靠移动互联网终端如手机、平板电脑等,在不同的互联网内容平台如抖音、快手等进行内容的传播。与传统微电影和长视频主要在 PC 端进行传播不同,网络短视频是以互联网移动终端作为内容传播的主要形式。这种传播形式的特点,还赋予了网络短视频强大的社交分享属性,用户可以通过移动终端随时随地地参与到内容的创作、分享和互动中来,从而模糊了内容生产者和消费者的边界,提高了受众的参与度。

其次,从网络短视频的内容生产特点来看,网络短视频的内容紧凑、短小精悍。从时长来看,网络短视频的播放时长非常短,从几秒钟到几分钟不等;而且竖屏化的内容呈现形式,也高度契合了当下人们以智能手机等移动终端为主要应用场景的使用习惯。此外,网络短视频的时长虽短,但内容结构相对完整,内容涵盖领域广泛。与传统视频相比,网络短视频的主要内容涵盖了美食、旅游、个人分享等各个领域,这不但丰富了用户的观看选择,同时也在一定程度上刺激了网络短视频的发展,使其具有更强的内容适应性。

根据以上观点,本书将网络短视频定义为:以移动互联网终端为传播载体,依托网络内容平台,时长在数秒到数分钟之间,契合移动互联和竖屏时代碎片化信息传播需求的视频内容产品。

1.3
网络短视频的发展阶段

2016 年,一个自称"集美貌与才华于一身的女子"——papi 酱,通过以变声形式发布原创短视频作品在网络上走红,受到广大网友和资本市场的追捧。papi 酱不但在作品发布之后短短一个月的时间内就获得了高达 1200 万元的融资,同时以 2200 万元的天价卖出了第一个视频贴片广告,创下了当时新媒体历史上单条视频广告的最高价格纪录,并且凭借其作品的超高人气,获得了当年新浪主办的超级红人节微博十大视频红人奖。papi 酱只用了半年时间,就将自己打造成一个市值超过 3 亿元的超级 IP。

papi 酱的成功只是网络短视频时代内容创业和成功变现的一个缩影。尽管从 2016 年至今,网络短视频的崛起历程只有短短的几年,但是网络短视频领域的火爆却是在经过了多年蓄势沉淀之后的厚积薄发,并形成了自己独特的行业格局和产业模式。

所以说,虽然网络短视频浪潮的风口是从 2016 年开始发力,但是其发展的序幕在此之前早已徐徐拉开。

1. 孕育期(2005—2009 年)

在这一阶段主要呈现出两个重要趋势:一方面,伴随着国内各大视频网站的成立,PC 时代的短视频随之诞生;另一方面,3G 网络的提速和推广,使得移动终端的用户规模开始初具雏形。

从 2005 年开始,土豆、优酷、酷 6 网等纷纷成立专业的视频网站,并面向用户开放视频上传权限,催生了PC 时代的短视频的出现。

2005 年到 2006 年,土豆网和优酷视频纷纷上线,开启了中国商业视频网站的元年。土豆网和优酷视频在成立初期时的定位,是打造用户视频分享服务平台。土豆网以"每个人都是生活的导演"为口号,鼓励用户自主创作视频作品并进行上传与分享,而视频网站本身只作为内容服务平台,为用户的视频分享提供传播和交流的渠道。网友可以利用 DV 拍摄制作视频作品进行上传,或者可以对已有的视频影像进行二次加工之后上传到视频网站进行分享。在这一时期最著名的自制短视频作品,莫过于 2005 年网友胡戈根据陈凯歌同年上映的电影《无极》所制作的网络恶搞短视频《一个馒头引发的血案》,以其极具个性与创意的手法和无厘头的搞笑风格,一时间风行网络。

2007 年,随着 AcFun 弹幕视频网(简称"A 站")的成立,在线视频网站从最初单纯的内容分享和传播模式,开始转型为网络视频内容互动交流的模式。除了 A 站以外,哔哩哔哩(bilibili,简称"B 站")也是国内具有代表性的互动视频网站。A 站和 B 站通过在视频播放时发布弹幕的形式,使用户可以实时互动地参与到视频内容中来,从而使短视频的内容传播具有更强的社交和交互属性。随后,弹幕功能逐渐被其他在线视频网站所采纳,从小众走向了前台,各大主流视频平台也纷纷推出弹幕栏。

2009 年,中国 3G 网络的推广和提速,带动了手机移动终端用户群体的形成。3G 网络的传输速度相较于 2G 时代有明显的提升,可以较好地满足用户手机上网的基本需求。虽然 3G 网络在播放视频方面仍然比较吃力,但是实现了早期移动终端用户的原始积累。

整体来说,这一时期的短视频仍然以传统的 PC 端传播为主,无论从制作手段、传播形式、内容题材或是受众参与度等方面都与当前的网络短视频相差甚远。

2. 蓄势期（2010—2015 年）

这一时期网络短视频的发展主要呈现为三个大趋势：

首先，各大视频网站的内容生产从以用户内容生产（UGC）为主逐渐转向专业化内容生产（PGC），短视频作品趋向画面高清化、内容专业化和视频产品版权化等特点。以优酷视频为例，在 2010 年优酷视频与中国电影集团合作，邀请了 11 位年轻的新锐导演，以展现"80 后"的青春为主题，推出了"11 度青春"系列微电影计划，正式开启了视频内容生产从用户自主创作向专业化创作的过渡。同年，百度成立独立视频网站奇艺，并在次年升级为"爱奇艺"视频网站，提出为用户提供高品质的视频娱乐服务的内容生产理念。腾讯视频也于 2011 年正式上线，进一步深化了互联网视频网站内容生产专业化的趋势。

优酷 2010—2015 年推出了一系列微电影计划，如图 1-2 所示。

图 1-2　优酷 2010—2015 年推出了一系列微电影计划

其次，技术赋能短视频的发展。智能手机的普及、4G 网络的推广以及移动流量资费成本的下降，为网络视频的移动客户端传播提供了重要的技术支撑。随着 2013 年 4G 牌照的下发，中国智能手机的销售量和保有量也呈现出井喷态势，智能手机成为中国网民进行互联网接入的主要设备。以智能手机为代表的移动智能终端的普及也带动了移动互联网终端用户的爆发式增长，中国移动互联网终端的用户规模达到 3.2 亿人，相较于前一年增长了 342.9%。到 2014 年，中国移动互联网终端的规模已达 10.6 亿人。移动终端的发展使得以电脑为代表的 PC 端以外的其他视频播放终端也进入了各大视频平台的视野，同时稳定高速的移动宽带技术和流量资费的下降，都为移动用户规模的增长和各大短视频应用的出现奠定了重要的技术基础。

2012—2017 年中国智能手机市场出货量及增长率走势如图 1-3 所示。

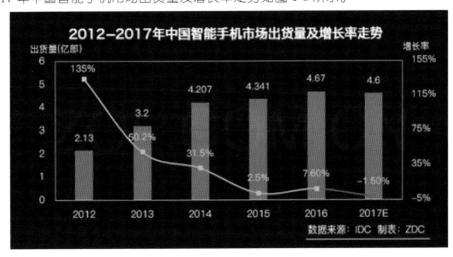

图 1-3　2012—2017 年中国智能手机市场出货量及增长率走势

最后,短视频平台和用户社群的出现。Wi-Fi 的普及和 4G 网络的推广,以及资本市场对互联网视频领域的布局,推动了短视频应用平台的出现和用户社群化的发展。中国最早的短视频应用平台出现于 2013年,快手将"GIF 快手"从纯粹的图片处理工具转型为短视频社区,积累和沉淀了大量的用户群体。随后,新浪微博也在手机客户端推出了内置的秒拍应用程序,腾讯和美图公司也相继推出微视和美拍应用。各大短视频平台纷纷上线,移动端的短视频社群用户开始逐渐形成。

3. 爆发期(2016—2017 年)

2016 年是网络视频从"长视频"向"短视频"转变的重要转折点,在经历了前两个阶段的技术、产业和用户社群的积累之后,在 2016 年短视频行业呈现出了爆发式的增长态势,短视频也成了互联网内容创业的新"风口"。因此,2016 年也被称为中国"网络短视频的元年"。

在这一阶段,各大短视频平台相继崛起,行业呈现井喷式的增长。以字节跳动公司为例,仅 2016 年至 2017 年字节跳动就相继上线了头条视频、抖音短视频、火山小视频等多款短视频应用,并在 2017 年将头条视频升级为西瓜视频。除了抖音和快手这两大短视频巨头以外,百度、阿里巴巴和腾讯这三大传统互联网公司也纷纷入局短视频领域,其他各类移动短视频应用平台也如雨后春笋一般,相继崛起。

各类短视频应用如图 1-4 所示。

图 1-4　各类短视频应用

同时,随着智能手机的广泛普及和 4G 网络建设的完成,中国移动互联网领域前期积累的人口红利迅速转化为短视频领域的用户群体。到 2017 年,中国的网络短视频用户规模已经突破 4.1 亿人,同比增长 115个百分点,而各大短视频平台中的短视频作品数量也达到了 57.3 亿的庞大规模。短视频用户群体的增多也推动了市场规模的疯狂扩张,用户规模的流量红利被引爆,网络短视频迎来了发展的大好机遇。

4. 成熟期(2018 年至今)

短视频行业的发展在经历了前一个阶段的野蛮生长之后,自 2018 年以后逐渐进入了发展的成熟期。行业开始呈现出产业运营专业化、管理规范化、竞争格局多元化和商业变现模式成熟化等特点。

随着短视频行业发展的大浪淘沙,短视频行业逐渐形成了"两超多强"的市场格局。凭借强算法、强内容的优势,抖音和快手发展成为短视频领域的第一梯队,是短视频用户和内容发布的主要阵地。以抖音为例,截止到 2020 年,抖音的日活跃用户数量突破 6 亿人次,日均视频搜索次数突破 4 亿次。此外,抖音短视频国际版 TikTok 在海外迅速崛起,TikTok 在 2019 年月均用户达到 8 亿,2019 年和 2020 年下载量均居于全球第一,海外影响力不断提升,已成为短视频产业从中国走向国际的代表典范。除了抖音和快手这两大短视频巨头以外，百度系的好看视频、全民小视频，腾讯系的微视也占据了一定的市场份额，短视频行业多元化的竞争格局逐渐稳定。

另外，为了更好地规范短视频行业健康持续的发展，针对网络视听领域存在的不足和薄弱环节，中国网络视听节目服务协会在 2019 年相继颁布了《网络短视频平台管理规范》和《网络短视频内容审核标准细则》两项规定，标志着短视频市场管理的正规化。

短视频领域的商业模式也日趋成熟，形成了一套完善的产业体系，商业化程度不断提高。"短视频＋"的理念正在与越来越多的行业相结合，并将其纳入到短视频的产品模式中来，带来了巨大的产业变革和前所未有的红利前景。

回顾网络短视频的发展历程，网络短视频风口是由资本、技术、内容生产和用户逻辑等多种因素的共同推动所形成的。目前，网络短视频行业的发展已经进入了模式创新和自我调整的成熟阶段。

1.4 网络短视频的特点

网络短视频作为网络视觉文化的产物，虽然在时间上有所缩短，但是内容相对完整独立，形式丰富多样，契合了当下移动互联网时代以智能手机为主要应用场景的竖屏化操作的特点以及信息传播碎片化的需求。相较于其他类型的视听形式，网络短视频以其立体化、轻量化的内容呈现方式，既满足了互联网时代下用户碎片化的娱乐文化需求，同时也迎合了当下人们追求个性化表达和互动分享的生活理念，亦为用户提供了一种表达个性的呈现方式。

1. 时长短，立体化

随着人们生活节奏的加快，受众获取信息的方式和环境都发生了很大的变化。快节奏、碎片化已经成为移动互联网时代下人们生活的新常态，这种碎片化的信息接收需求也催生了网络短视频的出现和快速发展。

网络短视频的播放时间非常短，时长一般控制在十几秒到几分钟之间，这就使得网络短视频在"体型"上更加适应现代人生活节奏快、时间碎片化的信息接收方式，从而使其更容易被用户所观看和接受，契合了用户即时消费和信息获取的诉求。而且网络短视频麻雀虽小，但是五脏俱全。其立体化的内容表现形式，集各种视听元素于一身，信息承载量高，内容生动形象、直奔主题，可以在较短的时间内满足用户的娱乐文化需求。

2. 内容丰富，形式多样

网络短视频的内容丰富，涵盖范围广，表现形式多样，更符合当下人们多元化、个性化的欣赏需求。

网络短视频的内容题材丰富，主要内容既包含展现普通人日常生活的方方面面，也包括搞笑幽默、娱乐八卦、技能分享、社会热点、电商推广等各个领域。而且随着短视频与其他领域的相互交叉与融合，形成了"短视频＋"的新生态，极大地拓展了短视频的内容领域。

此外，网络短视频在形式表现上也极富创意和个性化。运用充满创造力和个性的视听手法创作出灵动有趣、形式多样的短视频作品，既可以满足创作者自我表达的个性化诉求，又能够带给用户优质多样的内容服务。

3. 低门槛,低成本

传统的影视制作具有高投入、周期长和专业门槛高的特点。一部影视作品的创作往往需要专业团队经过前期周密的构思和创意,利用专业的摄影器材,在一定周期的拍摄创作和后期制作之后才能完成。除了制作成本和风险较高以外,这种高度专业化的生产形式也大大限制了普通人的参与和涉足。

然而智能手机、数码相机和平板电脑的普及,以及各类短视频应用程序的出现,不但打破了影视制作的技术壁垒,也极大地压缩了制作成本。只需要一部智能手机,人们就可以进行短视频的拍摄、制作和作品的分享。而且大多数短视频应用除了制作方便以外,还会自带一些特效贴纸,以满足用户对于各种视频效果的需求。例如抖音 App 中就自带各种滤镜贴纸、美颜效果和丰富的视频特效,从而可以方便普通用户制作出好看有趣的短视频作品。

技术门槛和制作成本的降低使得人人都可以是内容创作者,人人也都可以是内容发布者,这在很大程度上满足了大众在移动互联网时代自我表达的诉求,并极大地增加了用户的乐趣和参与度。

4. 传播迅速,社交属性强

技术门槛的降低不仅使网络短视频的制作流程变得简单,同时也降低了内容传播的门槛,丰富了内容的传播渠道,并拓展了网络短视频传播的力度、范围和交互性。

在移动互联网时代,任何个体都可以通过智能手机或平板电脑进行短视频作品的上传与分享。不但传播速度快,而且传播范围广。通过各大网络视频平台,用户上传的作品很容易产生裂变式的传播效应,同时激发出更多的互动关系。用户在进行自我表达的同时,也通过观看、评论、转发、点赞其他短视频作品的交互行为,与他人产生实时互动,从而触发网络社交行为,并在此过程中获得满足感。

5. 竖屏传播,媒介形式灵活

网络短视频的媒介表现形式更为灵活,竖屏的播放形式不受传统视频画幅或拍摄要求的限制,更符合当下人们以智能手机为主的日常信息获取的使用场景。

2020 年 CNNIC 所发布的中国互联网调查统计数据表明,智能手机已经成为人们最主要的互联网接入设备(见图 1-5),而在手机上观看视频也已经成为大众日常获取信息的主要方式。但是由于手机竖屏操作的方式与传统视频横屏播放的特点相冲突,用户在用手机观看视频时不得不将手机横过来,才能获得更好的画面播放效果。在手机使用和视频观看中不断地旋转屏幕,不但使观看的时间成本陡然增加,也会使体验感大打折扣。美国某研究机构的调查结果表明,在调查样本中,有 53% 的用户不习惯利用横屏看视频。

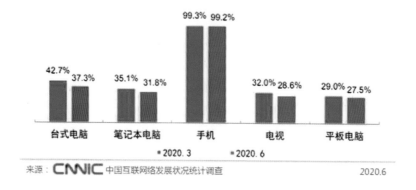

图 1-5　互联网络接入设备使用情况

网络短视频竖屏传播的特点,不但可以消除传统横屏视频在手机终端播放时所带来的观看障碍,带给观众更加流畅的观看体验,而且竖屏画面符合用户的手机操作习惯,方便用户下滑切换短视频的内容。

1.5
大数据时代下的短视频创作思维

2011年,麦肯锡咨询公司在其研究报告中首次提出了"大数据"的概念,认为数据已经成为经济社会发展的重要推动力,正式宣告了人类大数据时代的到来。

在高度信息化的当下,数据让一切有据可循、有源可溯。运用大数据进行分析和决策,可以通过对复杂数据集的管理和分析,挖掘出海量数据背后所蕴含的规律及巨大价值,并以此为基础,提出相应的结论和预测,从而可以更加精准高效地为决策服务。尤其是在互联网时代的市场营销领域,可以通过对大数据的挖掘和算法,来描绘、预测、分析和指引市场行为,从而帮助运营者制定出有针对性的营销策略。可以说,大数据时代的到来为这一领域开辟了一条全新的路径。

网络短视频作为一种内容产品,其创作和传播都需要具备一定的营销思维。因此,大数据分析对于网络短视频的生产和传播也有着至关重要的作用。一方面,大数据分析可以提高网络短视频传播和运营的效率,通过对数据的分析,可以帮助短视频内容生产者实现精准营销,进而达到提高内容产品触达率和用户规模的目的;另一方面,短视频行业也在大数据技术的助力下,获得了更多发展的可能性。这就要求内容生产者要具备大数据的运营思维,既要从传统的内容生产角度来进行内容产品的创作与生产,同时也要从大数据的角度去理解短视频的运营与传播。

大数据不但对网络短视频的生产与传播有重要的指导意义,同时也深刻地影响着短视频行业的产业生态。各大短视频平台借助于大数据的技术分析,形成了各自的内容推荐模式。其主要方法是平台在对作品进行分发之前,根据作品的标签及用户的喜好进行匹配与分析,从而实现短视频作品精准化、个性化的推荐。不同短视频平台的算法机制互有差异,这也形成了这些平台各自的特点。

大数据支持下的算法推荐机制,一方面可以让平台流量的获取更加公平,算法机制不但消解了视频创作领域长期以来唯专业取胜的惯性法则,也打破了少数网络红人对于流量的垄断地位,从而实现了内容生产的平权化发展。所有的作品都有机会被用户看到,这也让每一个有能力创作出优质内容的普通人得到了公平竞争流量的机会,激励着更多用户进行个性化的自我表达。另一方面,算法推荐机制也改变了用户内容获取的方式,用户不再需要依靠传统的搜索方式来获取信息,平台可以根据用户在注册时的数据信息来对其进行用户侧特征的分析和个人偏好的判断,然后根据大数据分析的结果,将符合匹配条件的短视频作品源源不断地推送给用户,从而带给用户沉浸式的使用体验。

大数据技术在网络短视频领域的应用,在本质上是一种用户思维的体现。这就要求网络短视频的内容生产者要从用户和市场的角度去创作作品,以用户为中心,明确用户群体,分析用户特征,从用户的需求出发,将内容创作与用户需求进行深度的情感联结,持续输出优质的、广受用户青睐的内容产品。只有这样,才能在众多的网络短视频竞品中脱颖而出。例如,李子柒以乡村生活为主题的古风美食短视频在走红网络之后,虽然也开始了流量变现的商业化模式的转型,但是每一期的内容始终围绕细分市场的用户需求,向观

众展示浸润着传统文化的美食生产,带观众领略归园田居的慢生活和人与自然的和谐相处,从而达成了观众与内容的共情,在成功吸引了用户注意力的同时,强化了用户黏性,并实现了用户的有效转化。

因此,大数据分析所代表的用户思维也就成了网络短视频内容生产的基本导向。内容生产者在创作短视频作品前,需要充分挖掘目标用户的诉求,找准用户的痛点,运用数据分析手段进行内容的定位、生产和运营,以达到提升内容产品的曝光量和成功率的目的。

1.6 网络短视频的发展趋势

虽然当前中国互联网市场的整体发展增速趋缓,但是网络短视频行业却延续了 2018 年以来的发展势头,依然稳中求进,充满活力,进入了全面商业化的发展进程。从平台维度来看,多元化的竞争格局已经形成,各大短视频平台正在围绕用户需求,打造更为立体丰富的内容生态。从产品维度来看,虽然内容领域的"空白地"已经被开发殆尽,但是市场需求并未饱和,内容赛道正向垂直市场进一步细化,以谋求优质内容的生产。从变现维度来看,短视频行业的营销模式不断创新,用户的付费习惯已经形成,内容的消费升级正在带动网络短视频商业化进程的稳步发展。从监管维度来看,各种法规的颁布使得短视频行业的发展和内容的生产更加规范、有序,从而确保了短视频行业的良性循环。随着技术进步的助力,网络短视频的未来还有很大的发展前景。

1. 内容向垂直领域纵深发展

随着短视频行业的快速发展,网络短视频的内容创作几乎覆盖了人们生活的各个领域,内容赛道的拥挤一度造成了短视频内容同质化现象严重的问题。伴随着互联网用户群体分化所带来的用户兴趣分化,绝对的主流群体与绝对的大众内容概念在当下的网络环境中被逐渐淡化。想要在短视频的内容红海中获取用户的注意力,就需要另辟蹊径,以垂直领域作为突破点。

只有挖掘内容类型,推动内容向纵深化发展,抛弃大而全的传统观念,通过更加精细化的内容策略,深耕某一个内容细分领域,同时不断地打造精品化的内容呈现方式,才是获得竞争力的重要手段。

从目前网络短视频的内容格局来看,泛娱乐类内容仍然占据着主导地位。但是,在各大垂直内容类型中,时尚、汽车、美食、美妆、运动等领域的表现都尤为亮眼。虽然网络短视频的内容市场竞争激烈,但是内容生态尚未饱和,未来的市场发展潜力巨大。

2. 优质内容将成为竞争核心

尽管短视频行业经过前期的迅猛发展,从表面上看似乎已经进入了"黄金时代",发展势头一片大好,用户量也在不断攀升。但是,随着短视频行业存量竞争时代的到来,各大短视频平台都面临着发展增速放缓、流量下滑等问题。

短视频行业能否长远发展,最终取决于短视频平台满足用户需求的程度。以粗制滥造的劣质内容满足少数用户的低俗需要,只能使用户获得一时的消遣与刺激,这显然不是短视频行业可持续发展的根本大计。网络短视频本质上属于内容产品,只有优质的内容才是短视频行业能够行稳致远的关键所在。

随着《网络短视频平台管理规范》和《网络短视频内容审核标准细则》的陆续出台,越来越多的短视频平台开始认识到优质内容对于行业可持续发展的重要性。为了让短视频行业拥有更强大的生命力,各大平台应当摒弃流量至上、粗制滥造的发展理念,将内容生产作为短视频平台发展的关键所在,不断提高平台的内容生产质量,以高质量的短视频内容产品提升平台的核心竞争力。毕竟,"内容为王"才是互联网领域市场竞争的不破真理。如今各大短视频平台也开始将竞争模式由初期的资本战、流量战,升级为对于优质原创内容的争夺战。

未来的网络短视频内容生产将更加注重打造优质的内容生态。在内容生态优胜劣汰法则的过滤下,短视频行业将会呈现出内容生产的专业化、纵深化、规范化和审美化的发展趋势。以优质的短视频内容产品满足用户高质量的文化需求,打造健康的短视频行业生态,促进短视频行业长远可持续的发展。

3. 内容产品变现前景巨大

虽然网络短视频相较于直播,其流量变现的效率和可控性都稍显逊色,但是随着短视频平台的进一步升级和产业链把控能力的持续增强,通过不断创新营销模式以及培养用户的付费习惯,短视频行业已经成为互联网经济的新风口。

"短视频+"的模式,正在使网络短视频从最初的工具属性转变为新的流量高地。伴随着消费升级,无论是"短视频+直播+电商"的商业模式,还是短视频与其他领域相互融合所形成的"内容+消费"的线上线下的联动模式,都正在拓展着消费升级的边界。短视频领域所掀起的"注意力经济"正在持续地积攒着圈层受众,并不断地寻找新的内容变现模式。

在可预见的未来,将会有越来越多的行业和领域选择与短视频相结合,寻求将自己的产品视频化,或借助短视频进行产品或服务的营销与推广,短视频行业的变现前景巨大。

4. 5G技术促进产业整体迭代升级

网络短视频的出现和发展受益于技术的升级与演化。5G技术的应用将会极大地助力短视频行业的发展,促进短视频整体产业格局的升级迭代。

2019年10月,国家工信部宣布5G商用正式启动,5G技术的商用意味着超高速移动互联网时代的到来。5G技术大宽带、低延时、高速率的特点,解决了网络视频播放卡顿和加载缓慢的问题,为用户提供了一个良好的视频接收环境,从根本上改善了在线视频浏览的用户体验。网络短视频之所以能在当下各大新媒体内容平台层出不穷的格局中牢牢锁定用户的选择,其关键就在于用户的体验性。一方面,5G高速数据传输的特点大大提升了网络短视频内容质量的效果呈现,用户可以上传更高清晰度画质的短视频作品,而不用担心网络传输速率缓慢所带来的格式限制,从内容的效果层面增强了用户的观赏体验。另一方面,5G技术强化了短视频移动化的程度,视频创作或浏览摆脱了地域或网速的束缚,用户可以随时随地地上传或播放短视频作品。

同时,在5G时代,技术间的相互联系将更加紧密。5G技术搭载下的VR、AR、超清影像、AI技术等,都会与短视频应用领域深度结合。在多种技术的交互中,网络短视频的内容表现形式将更加多样。未来短视频的产品与服务将会为用户带来更加真实的沉浸式交互体验,使用户身临其境,强化用户体验。

另外,在5G为代表的智能互联时代,万物物联将会成为不可逆的趋势。这也将会直接驱动短视频的产业升级,带动短视频行业与其他行业领域的深度融合,催生更多的细分业态与消费模式,不断地拓展短视频的服务边界与经济效能。

5. 知识产权将受到重视

网络短视频的火爆以及商业变现模式的成熟,既为短视频行业的发展带来了巨大的机遇,也对短视频

领域中的知识产权保护带来了不小的挑战。

2018年11月,国家版权局、国家互联网信息办公室等开展了"剑网2018"活动,通过一个多月的整改,下架删除了57万个涉嫌侵权盗版的短视频。自此,网络短视频的版权问题被逐渐重视起来,现在各大短视频平台和内容生产者的版权意识正在逐渐增强。

网络短视频作品的版权保护是行业得以健康持续发展的基本规范和要求,也是短视频平台和内容生产者需要恪守的准则。短视频版权保护体系的构建与完善,可以形成有序的竞争机制,在一定程度上起到协调和保护各方利益的作用,促使短视频平台和内容生产者不断地挖掘自身潜力,既有利于规避短视频平台在版权纠纷中的法律责任,又能树立良好的平台形象,体现社会责任感,从而形成良性互动的行业生态体系。

Wangluo Duanshipin Chuangzuo

第 2 章
网络短视频平台分析

网络短视频之所以能够在短短几年时间内获得快速的发展,与其用户群体"社区化"的特点有着密不可分的关系。用户的"社区化"形成了聚集效应,为网络短视频的异军突起提供了重要的平台。

2013年,快手将旗下的"GIF快手"从应用工具转型为短视频社区,建立了第一个真正意义上的短视频平台,开创了网络短视频行业发展的新格局。近几年来,随着网络短视频行业的成熟和各大互联网巨头的布局,网络短视频平台的商业模式也在不断创新,长短视频平台业务互相融合发展,使网络短视频行业呈现出百花齐放、百家争鸣的繁荣景象。

2.1
短视频平台的类型

短视频平台作为连接用户和内容产品的重要纽带,一方面,可以为内容生产者提供作品分享与交流的平台,通过平台的作品分发机制为所有网络短视频作品进行流量分配,并激励更多人借助平台进行个性化的自我表达;另一方面,也可以高效地为用户推荐网络短视频作品,通过流畅便捷的操作,为用户打造专注的观赏情境,从而促使用户浏览更多的网络短视频作品,在平台停留更长的时间。

不同类型的短视频平台有着不同的属性,其用户群体、平台定位和推荐机制等都各不相同。因此,面对众多的短视频平台,内容生产者需要进行理性的分析,为自己的内容产品选择合适的平台是迈向成功的第一步。

根据短视频平台的内容属性特点,可以将其分为以下四种类型。

1. 社交分享型平台

该类型的平台具有较强的社交属性,通过对网络短视频内容产品的精准投放,进行内容的社群化传播与分享,用户可以通过点赞、评论、转发、收藏等互动方式形成流量效应,并以此打造社交商业营销模式。如抖音、快手、微博、微信等,都属于社交分享型平台。

社交分享型平台最大的特点就是用户规模庞大,用户黏性强。而且这类平台所提供的网络短视频内容类型丰富,通过打造用户社群的方式,不但传播速度快、范围广,而且能形成强大的规模化效应。以抖音为例,2020年抖音的日活跃用户数量(DAU)突破6亿人次,日均视频搜索次数突破4亿次。

这类平台既可以进行个人原创作品的投放,也可以发布专业团队创作的内容产品。平台强大的社交属性和高频次的用户使用率,非常有利于短视频内容产品积聚流量,并进一步形成自己的IP效应。因此,社交分享型平台在所有平台类型中发展势头最为强劲,并形成了一套成熟的全产业链模式。

2. 垂直型平台

该类型的短视频平台主要专注于垂直细分的内容领域,往往汇集了大量热衷于某一领域的内容生产者,例如动漫、美食、摄影、美妆、文旅等,通过深耕细分内容,来吸引兴趣相投的用户。平台定位明确,类型鲜明。代表如B站、小红书、梨视频等平台。

与社交分享型短视频平台相比,垂直型平台虽然也具有一定的社交互动性,但是其用户的社群化程度更高。由于这类平台的用户群体主要集中于某一特定领域,因此用户的身份认同感更强,用户社群也呈现出高度垂直化的特征。

垂直型平台通过对内容赛道的不断细化来拓展优质内容的类型,并沉淀目标用户,形成社群"圈子",这也是垂直类短视频平台的优势所在。因此,这类平台的用户转化率更高,变现能力也更强。这就使得平台对内容的要求越来越高,垂直、专业、小众的短视频成为这类平台的聚焦点。

3. 综合型平台

这类平台主要以传统的在线视频网站为代表,其内容类型虽然仍以长视频为主,但是随着短视频行业的火热,近年来也纷纷转型发展短视频业务。如爱奇艺、腾讯和优酷视频,都相继推出了自己的竖屏短视频频道,通过各种方式来鼓励优质短视频作品的创作,以吸引更多的用户和流量。

这类平台的特点是内容制作精良,专业化程度高,品牌效应明显。内容生产模式主要以专业化生产的PGC模式和平台内容自制为主,同时也鼓励非专业用户进行内容的创作和分享。内容推荐模式主要以用户搜索和平台推荐的形式为主。因此,在该类平台进行短视频的发布,既需要注重内容创作的品质,还需要掌握一定的运营资源,这样才能获得平台更多的推荐机会。

4. 资讯型平台

这类平台主要是以新闻资讯发布的新媒体平台为代表,如今日头条、网易新闻、新浪新闻等。为了更好地吸引用户,这类平台一方面借助于短视频的手段将资讯信息视频化,丰富内容的表现形式;另一方面,通过开辟短视频专区,为用户提供短视频上传和分享的平台,打造属于自己的短视频生态,以便实现用户的留存与相互转化。

资讯型短视频平台的主要特点是内容选题与新闻热点实时联动,作品分发以平台的推荐算法机制为主,通过对网络短视频作品标签的分析进行用户的匹配。

2.2
网络短视频行业的变现模式

随着短视频行业的迅猛发展,网络短视频的内容市场也在快速增长,规模从2015年的2亿元,发展至2020年已经突破了2000亿元的大关。随着网络短视频领域商业模式的逐渐成熟,经过多年沉淀累积所形成的巨大用户流量正在为短视频的内容市场提供广阔的变现前景。网络短视频领域中所存在的诸多红利,也宣告着"注意力经济"新风口的到来。

短视频行业通过不断创新商业模式,来引导流量的消费升级。目前主要的商业变现模式有:渠道分成模式、广告营销模式、电商营销模式、内容付费模式以及IP化运营模式等。这些变现模式的本质,就是要实现流量变现,并与其他领域进行产能融合,从而获得持续盈利。

1. 渠道分成模式

渠道分成模式,是指各大短视频平台为该平台下的内容生产者提供激励性的资金扶持的策略。为了吸引更多优质的原创内容生产者,各大短视频平台相继投入了大量的资本,以资金激励的方式,刺激内容生产者进行优质内容的创作,以此来更好地留存平台用户,并打造平台特色,提升平台的内容竞争力。

例如,今日头条就曾在2015年推出过"千人万元计划",承诺每月至少有1000个今日头条的内容账号可以获得最低1万元的保底收入,从而使今日头条的内容账号在短短一年的时间内从3.5万个激增至30万

个;并在 2016 年,投入 10 亿元资金来扶持平台中的原创短视频内容创作者。快手也在 2019 年推出"光合计划",拿出百亿元流量扶持 10 万个优质内容生产者,重点覆盖 20 个垂类,使平台新增了 3000 个粉丝超百万的账号。同时打造了"创作者平台",开放对公结算、数据中心、多账号管理系统给创作者使用,通过平台引导,吸引更多优质创作者加入快手,带来高质量的作品。除了今日头条、快手以外,其他各大短视频平台也都通过渠道分成的方式,来补贴或扶持优质内容产品的创作。

对于网络短视频的内容生产者来说,从平台渠道获取分成是创作初期最直接的变现来源。通过渠道分成的收入,可以保障生产者持续稳定地输出优质的短视频内容产品。

需要注意的是,并不是所有的平台都会有渠道分成,而且不同的短视频平台其渠道分成的要求和分成比重也各不相同。因此在面对众多平台进行选择时,短视频的内容生产者要根据自身的定位和特点,来选择适合自己的平台进行作品的发布。平台投放可以本着"广撒网,多捕鱼,重点培养"的原则进行选择,即有分成的平台都要进行作品发布,在此基础上围绕重要的平台渠道加大运营力度,以期作品可以迅速"突围"。

目前各大短视频平台中的作品数量众多,内容也良莠不齐,只有持续稳定地输出优质的内容产品,才可以争取到平台更多的渠道分成和流量推荐,进而形成良性的创作循环。

2. 广告营销模式

广告营销一直以来都是短视频行业中最常见的变现方式之一。网络短视频的广告营销需要以流量作为基础,通过优质内容产品的输出,形成一定规模的用户流量的积累,从而为广告变现提供有力的保障。

网络短视频之所以备受广告商的青睐,主要原因在于网络短视频与广告之间具有先天的亲密属性。一方面,网络短视频以其短、平、快的媒介形式,可以高效地完成广告信息的传播;另一方面,通过对网络短视频的运营,可以根据用户的浏览习惯获得精准的用户画像,从而使广告投放更加精准。

对于网络短视频的内容生产者而言,通过内容产品与广告营销相结合的模式主要有植入式广告、贴片广告和流量广告这三种。

1)植入式广告

植入式广告主要是指将广告对象作为内容的一部分,嵌入到网络短视频作品中进行展示。这种方式既不会影响到网络短视频内容表现的完整性,同时也可以在一定程度上降低内容产品的广告属性。

例如,在一些美食类的网络短视频作品中,创作者在展示美食制作的过程时,镜头经常会在不经意间扫过某品牌的食用油、调味品或厨房用品等,这些都属于植入式的广告手法。这种方式既不影响作品内容整体展示的节奏与连续性,同时也能减少用户对广告的抵触情绪,极大地提高了广告的传播效率。

网络短视频不但可以借助传统的内容植入方式进行广告信息的传播,也可以同时兼顾用户和广告主的双重需求,为广告对象量身打造短视频作品。通过将广告信息隐藏在富有创意的趣味内容当中,在作品临近结尾时点明广告信息,以出其不意的形式使用户对广告内容产生印象,既满足了用户的内容需求,也能激发和引导用户的消费需求,达成品牌预想的传播效应。

2)贴片广告

贴片广告是指在视频的片头、片尾或中间插播的一种广告形式,时长从几秒到几十秒不等。根据其出现在作品中的位置,可以分为前贴、中贴以及后贴广告这三种类型。前贴是指在视频正片内容播放前出现的广告,中贴是指在视频播放中途插入的广告,后贴则是指在视频播放结束后出现的广告。

贴片广告的针对性较强,目标更加精准,视频内容不受贴片广告的影响,视频播放量越高,其触达率也就越高。

网络短视频中的贴片广告常见于一些官方短视频作品,以前贴和后贴两种类型为主。由于网络短视频具有竖屏播放的特点,因此很多贴片广告也通过上下栏的排版设计方式,将广告信息放置在短视频的上栏或下栏中,与视频进行同步展示,既不影响画面内容,同时也强化了广告的传播效果。

3)流量广告

流量广告也叫作信息流广告,是指出现在社交媒体用户好友动态中的一种广告形态。

这种广告主要是穿插在短视频内容流中进行推广,其优势在于可以根据用户的标签和浏览痕迹来进行广告信息的精准投放。当用户进行短视频浏览时,流量广告会穿插在平台为用户推荐的视频列表中,与其他短视频内容一起推送给用户。

短视频平台中的流量广告也是以短视频的形式进行呈现,具有一定的可看性,相比较于强曝光的广告形式,可以带给用户更好的体验感,同时短视频流量广告可互动的特性也有利于用户的留存和转化(见图 2-1)。

当前,各大短视频平台已经成为广告投放的重要阵地。通过与短视频内容产品相结合,广告更容易以原生内容的方式出现。从目前各大短视频平台的收益占比来看,广告收益依然是平台收入的重要来源。

图 2-1　流量广告

3. 电商营销模式

随着用户消费习惯的改变,网络短视频消费已经成为一种新的商业模式。由于短视频平台具有先天的社群属性,因此与电商之间也有着天生的互补需要。

首先,短视频行业巨大的社交流量与电商平台的目标受众高度重合,可以为各大电商平台提供新的流量入口;其次,网络短视频声画并茂的视听形式,相较于传统的电商营销手段具有更强的可读性和生动性,精美的画面更容易给用户留下深刻的印象,通过短视频进行视觉营销更容易激发用户的消费欲望;最后,网络短视频作为一种内容产品,最终目标是要实现商业变现,而电商变现的回报率高,经过了多年发展已经形成了一套成熟的商业模式,也为短视频行业提供了一条重要的变现途径。

当前各大短视频平台的电商变现模式主要有两种:一种是通过直播带货的方式,以网红流量导入电商平台来进行产品的销售;另一种模式则是通过内容进行导流,围绕商品进行内容创作,通过在网络短视频作品中加入购买链接的方式,实现直接跳转,既满足了用户的消费需求,又能将内容与电商相融合,提升短视频的内容完成度,优化营销效果。

各大短视频平台除了与电商平台进行深度合作以外,也都陆续开辟了自己的电商营销玩法。如抖音小店、快手小店、火山小视频的"好物"等,通过各种自营电商业务,实现平台和用户收益的最大化。

可以说,网络短视频与电商相结合所形成的内容电商模式,真正实现了"内容即广告,广告即内容"的短视频生产理念。通过短视频与电商的结合,实现了用户的直接导流,将用户转化为商品的实际购买者,进而完成了流量的精准转化。而且由于短视频平台用户基数十分庞大,短视频行业的电商市场未来前景十分广阔。

4. 内容付费模式

一直以来,广告和电商都是短视频行业中最为主流的变现模式。但是随着用户为优质内容进行付费习惯的形成,短视频领域中的内容付费模式也逐渐兴起。越来越多的人愿意为有用、独家、有趣的内容进行付费,从而为短视频带来了一定的经济效益。尤其是随着在线支付渠道的愈加便捷,内容付费也就成为短视

频行业中的一种重要变现模式。

短视频的内容付费主要有三种方式：订阅打赏、购买特定内容产品以及会员制。

1）订阅打赏

订阅打赏是直播行业中最为常见的一种模式，随着网络短视频与直播关联的日趋密切，打赏功能也开始在短视频领域中出现。短视频平台通过订阅打赏这种形式，激励内容生产者创作出更多更优秀的短视频作品。

例如抖音火山版推出的"火苗计划"，使其成为第一个推出打赏功能的短视频平台。用户在浏览短视频内容时，通过为自己喜欢的作品赠送火苗的形式进行打赏，火苗将会自动转入对方账号的钱包，成为创作者的收益；而且获赠火苗多的内容生产者，也会获得平台更多的流量扶持。除了抖音火山版，喜马拉雅在其小视频的功能中也有打赏和订阅的功能。

2）购买特定内容产品

购买特定内容产品最早被广泛应用于长视频和音频领域，后被引入到短视频领域中来。短视频内容生产者通过有偿向用户提供内容作品的方式，实现内容的变现。这种类型的短视频作品以知识类内容为主，通过优质内容的输出，提高用户的知识技能，满足用户的精神需求。例如快手短视频中就有专门的付费内容区域，为受众提供有偿的短视频内容的分享。

3）会员制

会员制与购买特定内容产品相同，主要是在传统长视频领域和音乐内容平台的应用比较广泛，在短视频领域依然处于探索阶段。秒拍在 2016 年时就曾试水短视频付费业务，但是由于其定位的泛娱乐性，用户付费意愿不高，也就没有能够实现。

短视频平台中的付费内容和免费内容相辅相成，前者主打"有用"，服务于优质精品用户；而后者则主打"有趣"，目的在于收获更多的平台流量，以流量反哺内容，进而实现更多付费用户的转化。

5. IP 化运营模式

当前，IP 化运营也成为网络短视频变现的重要模式之一。可以说，IP 化运营是网络短视频运营走向电商化的前提，而电商化则是 IP 化运营的必然结果。

如果仅从字面意思来看，IP 指的是 intellectual property，即知识产权，主要是指基于某一内容领域的知识产权，进行多样化、多渠道的跨媒介内容运营。这其实并不是一个新鲜的概念，但是随着短视频平台的蓬勃发展，网络短视频营销的 IP 化运营则在此基础上又重新赋予了 IP 化新的内涵。与传统的品牌概念不同，网络短视频的 IP 化运营并不仅仅只是创造一个品牌形象，它是以原创内容输出为基础，通过将内容产品人格化、标签化，与用户形成一种情感连接，进而构建一个具有价值认同和情感共鸣的情境化的共同体，从而实现多方位的消费触达，提高商业效率。优质的 IP 不但可以吸引众多用户的关注，打造顶流效应，同时也具有巨大的经济价值，变现前景广阔。

目前，网络短视频领域中 IP 化的营销模式不断创新，已经不再局限于传统的品牌推广。一方面，通过"网红大 V"进行创意推广，广泛吸取流量；另一方面，通过打造用户喜欢、真实可信的"人设"形象，持续输出具有辨识性的优质内容产品，引发用户对内容的关注与价值认同。在 IP 效应形成后，再通过跨媒介的转化来进行商业价值的变现。

例如李子柒通过前期对优质内容的深耕，凭借古香古色的视频风格和极具诗意的田园意境，成功塑造了古风田园美食风格的个人 IP，并围绕 IP 特色进行跨媒介转化，不但使其成为中国传统文化输出的典范，更打造出了一个多维度的商业品牌矩阵（见图 2-2）。迄今为止，"李子柒"的品牌已经与故宫食品、国家宝藏、胡庆余堂、舌尖大厨等众多品牌达成合作,目前"李子柒"天猫店铺粉丝已达到564万人。除此之外,"李子柒"的商标类别也涵盖了服装、金融、饮品等多个领域。

图 2-2　李子柒的 IP 效应

2.3
主要短视频平台介绍

　　短视频行业历经几年的发展与沉淀,虽然竞争态势已经接近饱和,但是短视频消费的快速崛起,再一次为短视频平台的发展开辟了新的格局。为了顺应视频流化趋势,并获得更广阔的市场空间,以微博、微信、B站及小红书等为代表的各大社交、内容平台也在大力进军短视频领域,直接带动了短视频平台用户规模的大幅度扩张与相互渗透。

　　在众多的短视频平台中,抖音和快手作为行业竞争的领军者,始终处于短视频竞争格局的第一阵营,有"北快手,南抖音"之称。抖音系与快手系不但在短视频行业占有重要的地位,同时也代表了国内短视频领域的两种格局。因此,本节主要以抖音和快手为例,从产品形态、用户结构、运营策略等方面来分析梳理两大平台的主要特点。

一、抖音短视频

1. 平台发展简介

　　抖音作为字节跳动公司所推出的一款短视频社交平台,其前身为 A . me 音乐短视频社区,在 2016 年正式更名为抖音短视频。抖音短视频发展历程如图 2-3 所示。

图 2-3 抖音短视频发展历程

虽然抖音入局短视频市场的时间较快手略晚,但是抖音通过重运营和差异化的营销策略,成功打破了当时快手一家独大的垄断局面,并迅速崛起成为短视频领域的后起之秀。

在发展初期,抖音以打造流行音乐短视频为切入点,将"酷""潮""时尚"作为平台的调性,专注于为年轻人打造一个创作和分享音乐短视频的平台,迅速抢占了一、二线城市的年轻用户市场,从而实现了平台初始用户的积累。

在上线一年后,抖音的 MAU(月活跃用户数量)就已经突破了 6000 万人次,抖音也成功跻身短视频领域的第一梯队,与快手形成了两强并存的局面。

随着平台初始用户积累的完成,抖音加大了商业推广和运营的力度,通过各种商业营销活动和引进流量明星等方式保持用户规模的高速增长。截止到 2018 年,抖音的 MAU 突破 4 亿人次,实现了对快手的超越,成为行业的领跑者。

在超越快手后,抖音继续保持平台的强运营风格,通过与春晚合作和派发贺岁红包等营销方式,进一步拓展平台的用户规模。在产品方面,抖音一方面在 2019 年推出了抖音极速版,进一步挖掘下沉市场的潜在用户;另一方面,在 2020 年抖音宣布与火山小视频进行品牌整合升级,将火山小视频更名为"抖音火山版",进一步扩大抖音商业矩阵的版图,实现用户的进一步增长。截止到 2020 年底,抖音的 DAU 突破 6 亿人次,用户规模覆盖了全网接近三分之二的网民,领跑短视频行业。

2. slogan:"让崇拜从这里开始"—"记录美好生活"

短视频平台的 slogan 可以直接反映出其平台的定位与核心价值。

抖音最初的 slogan 是"让崇拜从这里开始"。平台聚焦于打造面向年轻一代的音乐社区,为新生代群体提供一个自我表达、张扬个性的舞台,这也奠定了抖音时尚、酷潮的品牌基调。

随着抖音用户群体的下沉和流量规模的不断扩大,抖音在 2018 年提出了新的 slogan:"记录美好生活"。在探索时尚优质内容的同时,更突出了"美好"的特性,体现了抖音注重用户观赏感的价值理念,致力于为用户提供更多更美好和高品质的短视频内容产品。平台也逐渐由初期的创意音乐型社区,转变为内容类型多元化的原创短视频平台。

3. 用户属性分析

抖音的用户群体年龄结构整体偏年轻,30 岁以下用户占比高达 85% 以上,其中女性用户的占比较之男性略高。抖音用户属性分析如图 2-4 所示。

在地域分布方面,抖音的用户主要集中分布于以东南沿海及华南地区为主的南方区域,相较于快手,抖音在高线城市的用户比例更高。

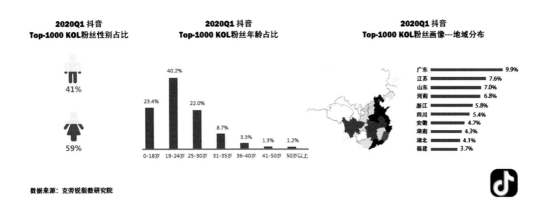

图 2-4　抖音用户属性分析

随着短视频大盘的渗透率接近饱和,抖音与快手的用户区分逐渐收窄,用户群体的重合度也越来越高。为了抢占更多的市场份额,抖音的用户分布整体呈现下沉趋势,用户逐渐向低线城市以及 18 岁以下、35 岁以上这两个中青年人群覆盖,加强对全区域用户的渗透。

4. 中心化的内容分发机制

抖音采用的是中心化的内容分发机制。中心化分发机制的主要特点是头部效应强,聚焦少数头部 KOL,强调短视频的内容质量,注重用户的观看体验。

中心化的分发机制使得平台对流量的掌控程度更高,形成"强平台"效应。平台可以通过流量扶持和自动加权的方式,将大量流量资源优先分配给少数 KOL,从而使短视频作品在内容呈现上更加优质,通过精致内容来打造爆款。这种追求热度效应的算法模式也塑造了抖音高流量的特质,通过搭建 KOL 矩阵,以精品化内容将规模庞大的粉丝群体沉淀为平台用户,从而使其在与快手的竞争中后来者居上,并实现了用户规模的反超。

在算法方式上,中心化分发机制依托字节跳动的标签算法,通过对内容标签和用户标签进行匹配,使用多流量池分级推荐的方式进行短视频作品的分发,从而使内容生产者所创作的优质内容可以获得平台的流量倾斜,实现高曝光率和用户的积累。通常短视频内容在发布以后,平台会根据标签匹配的结果将作品投放至初级流量池;初级流量池的用户数量在 200~300 人之间,包括 90% 的标签用户和 10% 的关注粉丝;平台会根据作品投放后用户的点赞、评论、转发和完播率等数据评估内容的效果,如果反馈数据较高则会被推荐至更大的流量池,实现叠加推荐;若用户反馈依旧活跃,平台则会将作品引入首页进行热门推荐,推荐时长在 1 天到 1 周不等,进而形成爆款内容(见图 2-5)。

中心化分发机制的优势在于容易催生爆款内容,通过赋能头部内容生产者进行优质内容的输出,实现热点短视频更大范围的传播。同时算法机制可以为内容生产者引入更多的公域流量,从而使其获得更多非关注关系的互动,大大降低了短视频播放量对于粉丝数量的依赖性,从而实现了流量的引导,只要内容足够优质就有机会成为爆款。

中心化分发机制的劣势在于,这种强势的推荐方式使用户与内容生产者之间不易产生深度连接,虽然 KOL 可以为短视频带来较高的点赞率,但是用户在观看时大多持一种欣赏心态,导致赞评比较高。抖音 KOL 视频的赞评比平均值为 42:1,多数用户在观看内容时只点赞不互动,所以不利于社交属性的发展。另外,根据用户标签推送内容的方式,虽然可以带给用户所喜爱的短视频内容,但是长期为用户进行相似内容的推荐,容易导致用户的审美疲劳。

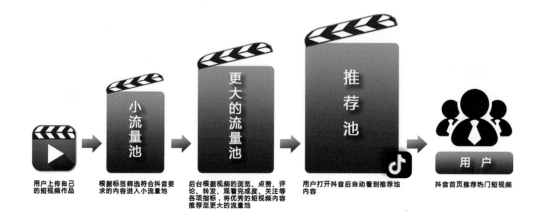

图 2-5　抖音的多流量池分级推荐方式

5. 单列大屏滚动的沉浸式体验模式

抖音在运营方面非常强调内容的分发效率,并且注重公域流量的引导,因此在浏览模式上面采用了单列大屏滚动的信息流模式,为用户营造一种高沉浸、自动分发的使用体验,从而极大地保证了用户能够在最短的时间内,接触到更多更优质的内容产品,并且实现了内容层面上的正向循环。

虽然目前抖音的内容浏览形式既包括以推荐页、关注页和朋友页面为代表的单列大屏滚动模式,也包括以同城页面为代表的双列瀑布流模式(见图 2-6),但是由于抖音平台偏媒体性的属性,在内容上具备极强运营能力,因此单列大屏滚动的信息流模式仍然是抖音的主要流量入口。

图 2-6　抖音推荐页的单列模式与同城页的双列模式

抖音的单列大屏滚动的信息流模式相比较于双列瀑布流模式,是一种更加短平快的消费方式,大大降低了用户在浏览短视频时思考和选择的时间成本,进而有效地提高了内容产品的转化率。单列大屏模式下的内容浏览,一次只为用户呈现一个短视频作品,用户不需要在多个内容之间进行选择,从而减少了思考的成本;而且单列模式上下滚动的内容切换方式,极大地简化了用户的操作,从而最大化地降低了用户获取内容的时间成本,使用户可以在最短的时间内看到更多的短视频内容,消费效率更高。

另外,单列大屏滚动的浏览模式可以为用户营造一种沉浸式的观赏体验。通过单列模式下的全屏呈现和视频自动播放的方式,可以满足用户持续、高频次的观看需求。同时,上下滚动的内容切换方式,可以使用户产生一种操作性的条件反射,使用户在浏览视频时陷入一种专注的情境,愉悦的观赏状态不会因为切换而被打断,从而使用户在不断滚动播放的愉悦中忘记了时间的流逝。

抖音的这种单列大屏滚动的浏览模式虽然具有用户体验好、消费路径短、变现率高等优点,但是也有较明显的局限性,主要体现在单列模式重内容、弱关系的特性,致使其容错率较低,社交属性较弱。单列模式的沉浸式浏览体验,对短视频的内容质量提出了更高的要求,因此平台往往更倾向于为用户推荐头部优质的内容作品,这也意味着平台对流量具有更高的分配权。系统推荐什么,用户就观看什么,这样一来就造成了用户的容错率较低。而且滚动播放的内容切换模式,虽然降低了用户思考和操作的时间成本,但是这种"懒人式"的交互也弱化了用户的社交关系,使得用户与内容的互动性较弱,不利于社区生态的发展;内容与用户的连接更多的是依靠平台的算法推荐,因此也造成了单列模式对平台算法的高度依存关系。

二、快手短视频

1. 平台发展简介

快手的起步比抖音要早得多。快手的前身"GIF 快手"于 2011 年上线,最初这只是一款用来制作和分享 GIF 动图的应用型图片处理工具。在历经了两年的产品打磨之后,快手于 2013 年正式将"GIF 快手"从纯粹的应用型工具转型为社交型的短视频社区,成为用户记录和分享生产、生活的平台。快手的发展历程如图 2-7 所示。

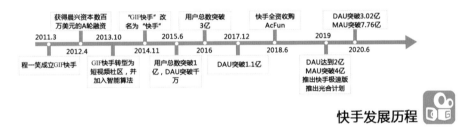

图 2-7　快手的发展历程

在发展初期,快手奉行的是自然增长的"慢"原则,潜心打磨产品,沉淀用户社群,强化平台的社交属性。快手在转化为短视频平台后,并没有对平台进行过多的推广及运营,而是延续了前期"GIF 快手"阶段的"社区分享"的理念,通过强调社交属性的去中心化内容分发机制和低门槛的产品使用体验,积累了大量的用户社群。到 2015 年,快手用户总数已经突破 1 亿人,成为当时中国最大的短视频社区平台。而各种社群家族的出现,也形成了快手独特的"老铁"文化,奠定了快手社群化的平台属性。

然而随着抖音的快速崛起,快手被动进行策略调整,改变了以往无运营的"佛系"发展策略,开始重视对内容产品的运营并加速商业化进程。快手不但大量扩充运营团队,加大商业并购和海外业务的扩张,并且对产品设计和内容分发逻辑进行了改版和调整。

在 2020 年,快手的 DAU 突破 3 亿人次,MAU 也从 2016 年底的 1 亿人次增长到了 7.76 亿人次,逐渐缩短了与抖音的竞争差距。

2. slogan:"记录世界记录你"—"看见每一种生活"—"拥抱每一种生活"

快手早期的 slogan 为"记录世界记录你",突出"记录"属性,追求记录真实有趣的内容,鼓励每一位创作者都用快手记录和分享自己的生活。每一个人都有平等的曝光机会,因此快手对短视频内容生产者更加友好,更容易形成社群文化。这也反映了快手公平、普惠的价值理念。

快手曾在 2018 年的时候将 slogan 改为"看见每一种生活",在文案中强调"看见",希望每个普通创作者的内容都能够被看到、被关注和分享,进一步地凸显了快手"老铁"文化的特点。

到 2020 年随着 8.0 版本的升级,快手提出了全新的 slogan——"拥抱每一种生活",不再单纯地强调内容的记录属性,而是鼓励用户从对生活的观察者转变为"拥抱"生活的参与者。更加注重内容品质和用户互动,这也反映了快手运营升级的趋势:从社交出发,逐步加强内容的精品化管控。通过兼具去中心化与中心化双重特点的分发机制,打通私域流量和公域流量,提升平台的媒体属性和商业变现能力。

3. 用户属性分析

快手的用户群体在年龄结构上与抖音相差不大,整体用户年轻化特征明显,用户占比最高的为 30 岁以下的群体,占总用户群体的 76.8% 左右。但快手在 35 岁以上的用户占比数量则为抖音同年龄段用户数量的 2 倍左右,对中老年用户群体的渗透速度要高于抖音。在性别结构上,快手的男性用户数量略高于女性,"老铁"文化特征鲜明。快手用户属性分析如图 2-8 所示。

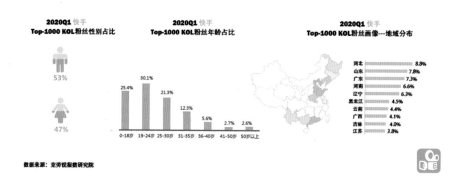

图 2-8 快手用户属性分析

在地域分布方面,快手的用户更为下沉,以北方和低线城市为主要阵地,用户多来自于省会城市或二、三线城市,这也体现了快手创始人宿华为快手定义的"社会平均人"的用户定位。宿华认为:"快手用户分布在二、三线城市是由中国社会的形态所决定的。把所有的快手用户抽象当成一个人来看,他相当于一个'社会平均人'。中国人口中只有百分之七在一线城市,百分之九十三的人口在二、三线城市,所以这个'社会平均人'就落在了二、三线城市。"下沉市场的庞大用户基数,成为支撑快手用户社群发展的生态红利。

近年来,快手的用户布局也呈现出明显的高线破圈和向南方渗透的发展趋势,并将其作为快手用户的主要增量来源。在用户的城市分布方面,快手以下沉市场为腹地,大力拓展高线城市的用户规模,使快手在一线城市的用户占比从 2019 年的不足 10% 提高到 2020 年的超过 15%,高线城市的用户占比进一步提高。在用户的区域分布方面,虽然快手的用户主要分布在北方区域,但是用户群体向南方拓展的趋势明显,也反映了快手加强全区域用户渗透的战略意图。

4. 去中心化的内容分发机制

快手所采用的是去中心化的内容分发机制,主要特征是流量分配不偏袒头部用户,兼顾社交与算法推荐,更加倾向于普通创作者,强调流量普惠、多样表达,让每一个内容生产者的作品都能得到平等的展示机会。

　　去中心化的分发机制不推崇极致流量,强调用户的自主选择性,基于用户的社交关系和兴趣来获取反馈数据,并通过多种算法的组合来进行内容的推荐。平台很少对内容进行强干预,注重用户的参与和互动,体现了平台鲜明的"老铁"文化的属性。

　　在算法方式上,去中心化机制通过对短视频内容及标签的识别来进行分类和内容过滤,并根据用户画像进行内容的匹配,为用户推荐符合其偏好的短视频内容。这种内容分发机制更加依赖于用户的社交关系,短视频作品发布后所获得的初级流量池由60%～70%的标签用户和30%～40%的关注用户构成,这就使得内容生产者形成了自身的私域流量,从而保证了新发布的内容产品拥有一定的初次曝光量,并根据用户反馈进行内容的协同过滤,平台以此来决定是否将作品推荐到更大的流量池。但考虑到内容产品的曝光上限和基尼系数,短视频作品的曝光量达到一定阈值后曝光机会将会逐渐减少,以达到择新去旧效果,同时引入基尼系数调控社区生态。因此快手平台中短视频作品的曝光机会更为平等,长尾视频占据70%以上的流量。快手内容分发机制如图2-9所示。

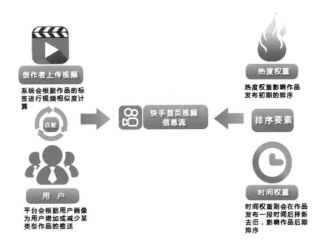

图 2-9　快手内容分发机制

　　去中心化分发机制的优势在于,公域流量可以带给中长尾内容一定的曝光机会,有利于中长尾内容生产者的发展;同时拉近了内容生产者与用户之间的距离感,更容易获得更多关注关系的互动,从而赋予快手更强的社交属性,也利于短视频内容生产者对私域流量的培养。

　　这种内容分发模式的缺点在于,弱运营的管控使得平台的内容产品质量参差不齐,内容推荐分散,用户的体验感稍弱于抖音,影响了平台的商业化变现效率。为了更好地提升用户的使用体验并加快商业变现的速度,快手也在近期将原本单一的去中心化"流量普惠"分发模式,发展为去中心化与中心化兼具的双重分发模式。

5. 双列瀑布流＋单列沉浸式

　　抖音的单列大屏滚动的信息流模式与快手的双列瀑布流模式是短视频平台内容的两大标志性展示方式,两种截然不同的风格对短视频的内容生产者、用户以及平台提出了不同的要求(见图2-10)。

　　双列瀑布流较之于单列大屏滚动模式更强调平台的社区属性和对私域流量的引导,有利于形成多元包容的社区氛围。在双列瀑布流模式下,短视频内容与用户的连接更加侧重于关注关系的推荐,除了平台的算法推荐以外,用户可以主动选择与自己关联程度较高的内容作品进行观看。不但加强了用户的容错率,

图 2-10　抖音的单列大屏滚动信息流与快手的双列瀑布流模式

同时也弱化了平台算法机制的权重,进一步密切了内容与用户之间的交互关系,从而推动用户社区发展的良性循环。而且用户在使用过程中可以通过上滑进入评论区,使得短视频的评论、互动和社交氛围更强,更有利于提高用户的黏性和社群化的形成。

在用户体验方面,双列瀑布流模式可以赋予用户更多的选择权。由于双列瀑布流模式可以一次性在页面中展示更多的短视频内容,一方面便于用户对首页所呈现的短视频内容进行快速的浏览,使其在展示页面选择感兴趣的内容进行观看,带给用户更强的自主性;另一方面,双列瀑布流在用户上滑的过程中不断加载更多短视频内容,用户可以快速获取大量的内容信息,平台根据用户的选择来进行内容的推荐,虽然对用户需求判断的精度要低于单列模式,但是推荐机制相对公平,可以为用户营造一种较为随性、自由的浏览体验。

但是双列瀑布流模式无论从用户的使用体验还是商业变现率方面,都远低于单列模式。由于短视频的内容时长非常短,这也就意味着用户在观看过程中获取内容的效率越高,使用体验就越好,而且消费成本就越低。在双列瀑布流模式下,用户观看完一个短视频内容后需要返回主页面进行重新选择并点击观看,这就大大增加了切换视频的时间成本和选择成本,因此用户每多浏览一个内容产品,双列瀑布流所积累的使用成本就越高,这也就使得内容产品的商业转化率大大下降。而且全屏高清的沉浸式体验是用户在进行短视频观看时的最佳体验形式,不但符合短视频的尺寸和分辨率的要求,也能带给用户更强的视觉冲击力;双列模式下虽然页面展示的内容变多了,但是带给观众的视觉体验感也相应地变弱了,用户的使用时长也就相应地缩短,不利于观赏情境的营造。

因此,从 2020 年起,快手在推出的 8.0 版本以后增加了单列大屏滚动模式,其中"发现"页面依然是传统的双列布局,而"精选"页面则是新推出的单列布局(见图 2-11)。在交互设计上,单列模式下用户在观看短视频时向上滑动可以进行内容的切换,而双列模式下用户在观看内容时向上滑动则会弹出评论区,用户可以根据自己的喜好自主选择浏览模式。

这也体现出快手力图通过双列瀑布流＋单列沉浸式来加强对于优质内容的运营,打通私域流量与公域流量的边界,从而创造一个新的消费场景,提高变现效率。

图 2-11   改版前后的快手展示页面

Wangluo Duanshipin Chuangzuo

第3章

网络短视频的内容类型

随着互联网技术的飞速发展以及移动智能终端的广泛普及,人们已经不再满足于单一化的图文信息的获取与分享,网络短视频凭借其立体丰富的媒介形式和强大的社交属性迅速走红,引领了移动社交时代的新潮流。

网络短视频不但已经赶超电视的受众比,成为人们日常媒介接触占比最高的媒介形式,同时也成为当下内容创作的重要阵地,各种类型的短视频内容产品层出不穷,浩如烟海。如何在短视频市场日趋饱和、内容同质化倾向严重的当下,继续保持短视频内容生产的活力,深挖内容创作的潜力,进而更好地满足受众多样化的信息需求,成为当下短视频内容生产亟待解决的重点问题。

3.1
网络短视频的内容生产模式

虽然当前各大短视频内容平台林立,但是以抖音、快手等为代表的绝大多数短视频平台并不直接进行短视频的内容创作生产,而是以运营的方式,通过审核、监管和算法推荐等形式,对平台中的短视频内容产品进行分发推荐,从而满足用户的需求。而短视频作品的内容生产,则是通过其特定的内容生产端来完成,这也就形成了短视频行业特有的内容生产模式(见图3-1)。

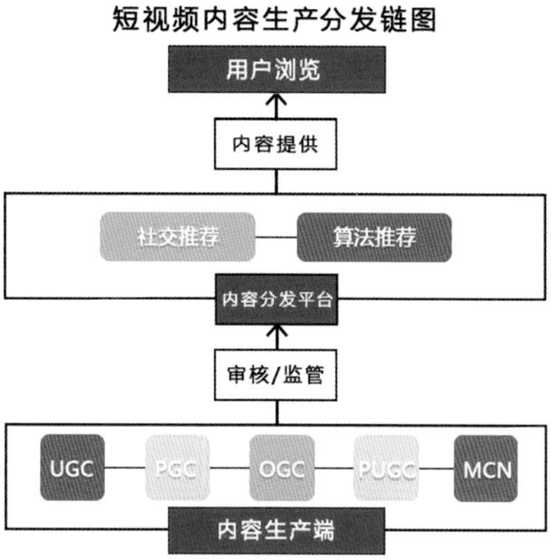

图 3-1　短视频内容生产分发链图

当前,比较主流的网络短视频内容生产模式主要分为5种:UGC模式、PGC模式、OGC模式、PUGC模式和MCN模式。不同类型的内容生产模式,其内容生产的特点也各不相同,为短视频行业的发展创造了不同的商业价值。

1. UGC 模式

UGC(user generated content)是指用户自主生产内容,也被称为"普通用户"模式。该模式是伴随着早期 Web 2.0 时代,提倡用户个性化创作的理念应运而生的,曾掀起了一股全民自制视频的热潮。

在 UGC 模式下,每一个普通用户都可以参与到短视频内容的生产制作与传播中来。从内容的角度来

看,用户自主生产的内容模式体现了短视频平民化、普适化的媒介调性。当下主要的短视频平台,如抖音、快手、美拍等,都是UGC型内容平台。

UGC的内容生产模式具有较强的交互性与社交性。用户本身既是创作者又是观众,大量用户作品的分享与高频互动,可以让短视频平台形成社交关系链,进而为平台积累大量用户,形成用户社区规模,并为平台的发展提供源源不断的支持。快手作为典型的UGC内容平台,其平台定位就是让所有人可以上传分享自己日常生活的短视频作品,不分职业、年龄,只要有一颗分享的心都可以使用。社区的调性低,使快手积累了大量来自二、三线城市和农村地区的普通用户。

另外,UGC模式对内容生产的要求非常低,创作准入门槛几乎为零。用户可以随时随地将日常生活中所拍摄的短视频进行上传分享,创作和发布不受时间、空间的约束。因此,UGC的内容生产模式能够最大限度地调动用户创作的积极性,从而使短视频平台得以用最低的成本获得海量的内容。各大短视频平台巨大的用户活跃度和内容生产量,也证明了UGC模式的成功。

UGC模式虽然可以为短视频平台带来可观的流量,但是该生产模式也存在一些弊端。由于内容生产的准入门槛低,该模式下产出的短视频内容产品同质现象明显,大多泛娱乐化或低俗化,而且内容质量参差不齐,难以保证。应该看到的是,UGC模式只是短视频平台的一种手段,并不是最终的目的。平台最终的目的是希望通过UGC模式来积累用户基数,快速占领市场,再通过专业化生产方式的转型将用户规模转化为流量红利,完成商业变现。如小红书在转型做电商之前就是一个UGC分享社区,用户可以通过上传文字、视频分享自己的购物经验。UGC社区模式使小红书拥有了海量的内容和较强的社交属性,通过前期的流量积累,小红书利用社区引流和精准推送等方式从2018年左右开始往电商平台转型,成功开启了平台的流量变现之路。

2. PGC 模式

PGC(professional generated content)是指专业内容生产模式。与UGC模式不同,该模式的内容生产是由具有专业化背景的个人或制作团队来完成,因此内容产品在效果上更精良,内容质量更高。如papi酱、陈翔六点半等,都是PGC专业化内容生产的代表。

虽然很多短视频平台早期都是依靠UGC模式发展起来的,吸引了大批的用户带来流量,但是随着受众细分市场的形成以及平台商业化变现的转型升级,UGC模式很难满足用户对于高质量内容的需求,于是PGC模式应运而生。

PGC模式下的内容生产具有专业化、深度化和垂直化的特点,可以为用户提供更为优质的内容产品,从而吸引用户的注意力,有助于实现对平台流量的引导,提升用户的留存与转化率,为后续的内容变现打下重要的基础。

3. OGC 模式

OGC(occupationally generated content)是指职业内容生产模式。其内容生产的主体是具有相关行业及专业知识背景的从业人员,不仅要求其具备相关的专业素养和资历,还要求有职业身份。这种模式虽然对内容生产者设置了更高的准入门槛,但也进一步保证了内容产出的质量与水准。

OGC模式与PGC相比,更强调内容生产者的职业身份。其本质上是一种以专业媒体机构为主体的内容生产模式,能够为用户提供更高质量的优质内容。

在视频内容生产领域,OGC模式主要应用于长视频制作与影视节目等内容产品,偏向于互联网视频服务的头部效应,主要代表平台如腾讯视频、优酷视频以及爱奇艺等。

4. PUGC 模式

PUGC(professional user generated content)即专业用户生产内容模式,也称为专业化原创内容生产模式。

PUGC 模式集合了 UGC 与 PGC 的双重优势,将 UGC 模式的用户个性化创作风格与 PGC 模式的内容专业化生产方式相结合,既能保持对用户和市场反馈的敏锐度,又能够借助其较高的内容制作水准与运营手段,实现优质短视频内容产品的持续输出。代表平台:梨视频、B 站、小红书等。

这种模式的特点在于短视频的内容生产者与平台和用户之间的交互性更强,互为依存,并可以进行相互转化。各大短视频平台会挖掘或培养一些内容创作符合平台调性、具有一定影响力的优质内容生产者,作为平台的优质内容输出用户。这些用户依托平台所提供的资源以及自身的创作特点,打造出具有专业水准的优质短视频内容产品,并能配合平台进行相应的内容推广。整体来说,该模式下的内容生产者通过与平台合作实现内容生产方式的转变,并反过来成为推动平台发展的重要力量。

因此,PUGC 可以作为 UGC 与 PGC 之间的一种中间态,维持平台中两种内容生产模式的平衡,并可以实现 UGC 向 PGC 模式的升级,从而能够激发用户的创作热情,在丰富平台内容的同时,也可以起到增强用户黏性的作用。

5. MCN 模式

MCN(multi channel network)即多频道网络平台,是一种整合资源进行内容生产的模式。MCN 最早起源于 YouTube,其本质是一种专业内容生产平台,以机构化的运作模式实现专业化的内容生产,对不同类型的短视频内容进行流水线化的生产,并有专门的团队进行内容运营,从而实现内容变现的目标。

MCN 模式具有内容分类精细化、生产分工垂直化、制作流程模式化等特点,可以更加高效地整合各种优质的 UGC 和 PGC 内容资源,以专业化的运作方式进行项目孵化,并保障优质内容的持续、精准输出,避免爆款内容的昙花一现,稳定地实现内容的商业变现。

随着近年来网络短视频的火爆,从抖音、快手等各大短视频平台中脱颖而出的 MCN 机构众多,体量也大小不一(见图 3-2)。MCN 模式已经成为当前推动短视频行业发展的重要力量,从未来的发展趋势来看,MCN 模式也将必然拓展到更多的内容生产领域,以专业化、职业化的运作模式带动网络短视频内容市场的持续繁荣与增长。

图 3-2 2021 年第一季度 MCN 机构社交影响力榜(数据来源:克劳锐)

3.2
网络短视频的内容类型

网络短视频的内容覆盖领域广泛,题材丰富。其个性化的内容生产方式和短平快的传播特点,使网络短视频覆盖了诸如日常展示、搞笑娱乐、资讯分享等传统视频的内容创作领域,同时短视频与其他行业的相互交叉与融合,也进一步地拓展着短视频内容创作领域的边界,使其题材类型趋向细分化,内容更加垂直化,从而带给用户更多丰富优质的内容产品。

根据网络短视频的主要内容主题,可大致将其分为以下几种类型。

1.资讯类

资讯类网络短视频大致可以分为信息资讯类短视频和资讯花絮类短视频。

信息资讯类短视频,是指以新闻信息的分享和获取为主要目的的短视频类型。一方面,信息资讯类短视频相较于传统的新闻资讯而言,具有更强的时效性。短视频即拍即传的特点,使普通用户可以在新闻发生的第一现场,将新闻事件通过手机拍摄的视频影像第一时间上传到网络平台,从而带给受众更加及时、生动的信息资讯,同时也为新闻媒体的报道提供了更加丰富的新闻素材。另一方面,信息资讯类短视频也进一步优化了新闻资讯的传播方式,提高了资讯信息的传播效果。通过短视频的形式将新闻事件进行二次加工,以更加平民化的语言和个性化的方式进行传播,不但可以拉近新闻资讯与受众之间的距离,同时更能形成跨平台互动和热点效应,取得良好的传播效果。因此,各大新闻媒体如澎湃新闻、央视新闻等,都有自己的短视频新闻资讯平台。

资讯花絮类短视频,是指以影视娱乐资讯传播为主要目的的短视频类型。该类型的短视频作品内容往往以花絮的形式,将当下热门的综艺节目、影视剧或娱乐周边资讯等内容进行推送,旨在介绍或分享各类娱乐资讯信息。例如"娱乐资讯君""明星娱乐一线"等。

2.营销广告类

营销广告类短视频主要是指以短视频内容为载体,以营销宣传为目的,时长在几秒钟到几分钟不等,在各大短视频平台上播放,具有高频推送特点的短视频广告形式。与传统视频广告相比,营销广告类短视频的内容形式更加丰富多样,融合了广告创意、搞笑幽默、街头采访、热点话题、时尚潮流等元素,既可以单独成片,也可以与各种类型的短视频作品相结合。

网络短视频与营销广告之间,本身就具有先天的亲密属性。无论是从时长体量还是传播属性上,二者都有着大量的共通点。网络短视频可以为广告营销提供巨大的流量红利,既可以实现广告营销传播范围的最大化覆盖,又可以借助大数据的精准化推送,获得良好的传播效果。而且与传统视频广告相比,营销广告类短视频的成本更低,作品的低上传门槛与开放的发布平台,使得营销广告类短视频的性价比极高。此外,各大短视频平台都有相关的广告推送助手或推荐位,可以使营销广告类短视频在非常短的时间内获得较高的热度,与传统广告位费用相比,成本也更低。

网络短视频为传统的视频广告提供了新的发展方向,不但从内容和形式上弥补了传统视频广告的诸多不足,同时也开创了广告与消费者之间新的触达方式,使其具有更强的灵活性和针对性。

3. 短纪录片类

短纪录片是指以网络短视频为媒介形式,从真实生活中汲取创作素材,以真人真事作为表现对象,并借鉴成熟纪录片的摄制手法,对内容进行艺术化的加工与呈现,同时借助短视频平台的运营渠道进行内容传播的纪录片类型,以一条、二更等为主要代表。

传统纪录片不但拍摄周期长、技术难度大、前期投入高、变现能力差,而且受众范围窄、相对小众化,这些问题都大大提高了纪录片的准入和传播门槛。而网络短视频与纪录片的融合,短视频用户喜好的分化和网络平台对内容领域的细分,为纪录片的发展开辟了新的方向。为了更好地满足用户的内容需求,各大短视频平台纷纷推出了类型丰富的短纪录片作品。如快手短视频从 2020 年以来大力发展自制短纪录片,并出现了一批以《国产艺术凌凌捌》《手机里的武汉新年》等为代表的优质自制短纪录片作品,反响良好。

借助于短视频平台各自的内容分发模式,优质的短纪录片作品也可以获得更多被推荐和展示的机会,既可以使平台用户获得更加丰富、更高质量的内容产品,又可以提高短纪录片作品的触达率,进而开启短纪录片变现的商业模式。

4. 网红 IP 类

该类型的网络短视频作品主要是以网络红人或明星作为创作主体,借助他们自身强大的 IP 效应和粉丝基础,在各大短视频及网络社交平台进行内容创作与分享的短视频类型。例如 papi 酱、李子柒、办公室小野等。

这种类型的短视频作品在内容上,往往贴近生活,深谙网友的需求与痛点;在商业上,具有巨大的变现价值,是网红文化与短视频相结合的重要产物。

5. 搞笑类

搞笑类网络短视频是当下深受用户喜爱的一种短视频类型,主要是指以幽默、逗趣等元素为主要内容,能够引人发笑,带给观众乐趣的短视频类型。在抖音、快手、B 站等各大网络社交与短视频平台,都有大量的搞笑类短视频的作品与用户。例如"多余和毛毛姐""奥黛丽厚本"等,其流量规模都非常庞大。

搞笑类短视频的内容包罗万象,形式丰富多样。其剧情设计简单,内容通俗易懂,可以在较短的时间内达到娱乐大众的目的,使观众获得精神上的愉悦与放松。而且该类型的短视频作品的创作门槛与成本都非常低,既可以由普通用户自制原创进行分享,也可以由专业团队进行有组织的创作,生产模式灵活。

这种类型的短视频作品之所以能够广泛流传,主要是因为搞笑类短视频具有非常强的"草根"文化色彩。其平民化的传播语境和搞笑幽默的传播内容,为互联网用户带来了一场集体狂欢式的情绪释放,例如海草舞、"好嗨哟"、"来了老弟"、"谐音梗"等热门搞笑短视频,都为网友提供了不少喜闻乐见的娱乐谈资。因此,搞笑类短视频具有得天独厚的用户市场优势,其庞大的用户规模也为这种类型的短视频作品带来了巨大的市场潜力和可观的商业变现前景。

6. 剧情类

剧情类短视频作品的内容通常具有一定的故事情节,剧情以原创或改编为主,在表现形式上借鉴电影的视听手法和叙事策略,但在创作上自由度较高,时长相较于微电影更短,能够满足用户碎片化的观赏需求。例如"奇妙博物馆""地狱事务所""人生回答机""时光映画铺"等。

该类型的短视频作品内容紧扣当下社会热点话题,创作题材丰富,表现形式多样,既有戏谑温情的浪漫主义题材,又有紧贴生活的现实主义题材;既有科幻推理的非现实主义题材,又有青春励志的女性主义题材。在剧集设计上,可以是内容具有前后延续性的连续式短剧,如《生活对我下手了》《十二长生》等;也可以

是单集式的非连续式短剧,如"奇妙博物馆""地狱事务所"等。

相较于娱乐搞笑类的短视频作品,剧情类短视频的制作更加精良,专业化程度更高,往往借鉴电影的制作手法,将各种电影元素融入短短几分钟时长的叙事中,具有较强的娱乐性与观赏性。

7. 技能分享类

技能分享类短视频主要是以实用性和知识性内容为主,面向用户的日常生活、学习、工作等领域,为人们提供诸如知识分享、电影解读、生活常识、美妆技巧、美食攻略、家居养生、旅游攻略等各种实用技能与知识分享的短视频类型。

这类短视频在创作时,要以实用性为前提,同时还应注意内容的专业性与知识性,只有这样才能使内容产品获得受众的认同与肯定。

随着当下人们对于物质与精神生活品质的追求越来越高,需求越来越个性化与多样化,技能分享类短视频的内容类型也越来越细分化,成为短视频内容红海突围的一个重要领域。

8. 创意剪辑类

创意剪辑类短视频是指利用剪辑技巧和创意设计进行内容创作的短视频类型。

这类短视频作品要么通过极致的剪辑技巧,以追求画面的精致美观和视觉冲击力,如"卡卡"(创意剪辑)、"创意 Show"等;要么通过对影视作品的解构或混剪,配合解说词与字幕,以达到鬼畜搞笑的目的,如"泰有趣视频""剪辑小哥"等。

9. 街头采访类

街头采访类短视频也是当前热门的一种网络短视频形式。作为短纪录片的一种变体,街头采访类短视频每期会确定一个中心话题,采用口语化的方式,在人群较为集中的街头,对路人进行随机采访,并将采访的视频内容在后期进行筛选和剪辑,制作出一部内容完整、具有话题性和娱乐性的短视频作品。如"成都最街坊""小七街访"等。

这种类型的短视频作品的话题往往围绕年轻人比较关心的热点展开,拍摄方便,制作流程简单,采访的语言风格辛辣大胆有个性,内容紧贴年轻人的需求与痛点,因此深受当下都市年轻群体的喜爱。但需要注意的是话题的设置要避免低俗化,并且要注重话题挖掘的广度与深度,这样才可以实现节目内容的可持续性发展。

3.3
内容为王——网络短视频的内容生产策略

短视频行业在经历了最初几年盲目追求流量制胜的野蛮发展之后,逐渐开始向专业化、纵深化转型。随着各大短视频平台监管的日益完善以及用户素养的逐步提高,短视频行业的门槛也越来越高,过去那个随便发个小视频就能火起来的时代已经一去不返。

没有好的内容、创意和运营的保驾护航,很难在短视频行业的内容红海中崭露头角。从行业发展的长远角度来看,高质量的内容依然是用户追求的重点;内容为王,依然是网络短视频内容生产的黄金法则,也是短视频行业能够持续稳定发展的必然选择和必由之路。

一、明确用户需求,找准定位方向

要想在激烈的竞争环境中脱颖而出,短视频内容生产者就必须依靠优质的内容来吸引用户的注意力。因此,明确用户需求,找准自身的定位,找到最适合自己的内容方向与形式,并为其贴上风格化的标签,从而建立自己的辨识度,是走向成功的第一步。

1. 分析用户需求

在网络短视频的内容生产中,挖掘用户的需求是内容创作的前提。只有在精准定位用户属性和需求之后,才能使内容的生产做到有的放矢。想要满足用户对于短视频内容的需求,首先要了解用户到底需要哪些内容。

根据用户的使用习惯,可以将用户的内容需求细分为以下几种类型。

1)消磨时间

网络短视频本身就是一个消磨时间的利器。央视公布的《中国美好生活大调查(2020—2021)》的数据显示,大约有38%的中国人在休闲时间里喜欢刷手机,而短视频在消磨时间排行榜中位列第一,甚至远远高于打游戏和追剧观影的用户规模。

网络短视频碎片化、直观化以及互动性与娱乐性等特点,几乎满足了所有年龄阶段用户群体的休闲需求,俨然已经成为当前人们消磨时间的第一选择。

2)信息获取

随着人们生活节奏的加快以及移动互联网终端的高度普及,人们的信息接收方式发生了重要的变化。网络短视频作为一个人们获取信息、分享生活的窗口,不仅能够使用户更直观、便捷地掌握热点信息,同时还能填补人们的碎片时间。无论是从"体量"还是在效率方面,都高度契合了受众即时信息获取的诉求。

3)深度阅读与知识获取

用户对网络短视频内容的消费,不仅是为了获得一定的信息资讯,还有满足深度阅读与知识获取的需求。

网络短视频由于其高信息转化率的特点,大大降低了知识的阅读成本和认识成本,为用户提供了一个可以分享知识、具有一定内容深度的窗口。用户可以在这里就某些问题进行深入的了解,甚至可以形成特定的社群或圈层。如知乎和B站上,就不乏大量的知识分享和阅读型的短视频作品及公众号。

4)辅助消费决策

网络短视频的出现,不但引领了一股内容创业的热潮,更是开启了人们消费升级的新入口。

网络短视频作为一种服务类内容产品,其自身的特点与属性就与当前中国的消费升级有着先天的匹配性。相较于传统的消费模式,短视频立体化的内容呈现形式,可以更好地传递商品的属性特征,激发用户的消费灵感。同时,其高度社交化和互动性的媒介特点,可以在用户群体中形成特有的消费理念,从而引导用户的消费决策。各大短视频平台通过与第三方消费平台的导流,可以将自己平台巨大的流量红利转化为消费红利。而且网络短视频与电商、直播的融合,形成了自己形式多样的变现路径,从而使其成为整个商业链条中的新兴入口。

可以说,基于网络短视频消费的内容电商时代,已然成为消费升级的必然趋势。

5)价值认同

短视频内容平台为公众提供了更多就社会问题、时事热点发声的机会。人们通过对于所认同的短视频

作品的评论、点赞、转发等行为,展现个人对国家的归属感、文化的认同感和社会的责任感,从而在公共平台中寻求价值观的认同。

2. 建立用户画像,明确定位方向

这是一个信息过载,但是用户的注意力稀缺的时代。对用户而言,再短的视频都是一个产品,都在消耗用户的注意力资源,值得被用心对待。因此对于短视频内容生产者来说,想要精准地把握目标用户的需求,就一定要学会建立用户画像。

用户画像是指根据用户的基本属性、个人偏好、生活习惯、用户行为等信息,而抽象出来的标签化用户模型。用户画像可以帮助短视频内容生产者发掘数据背后的价值,更高效地收集并整理潜在用户的基础信息和行为偏好,从而更好地明确目标用户群体,以"用户思维"来指导内容生产,实现精准营销。

建立用户画像,首先需要明确目标群体,并收集用户的基础信息数据。这些基础数据主要分为两种:静态数据和动态数据。

静态数据,是指用户基本保持稳定的数据,包括社会属性(如地域、年龄、性别、职业、学历、婚姻状况等)、商业属性(如收入情况、消费等级等)和心理属性(如性格特点、价值观等),比较容易掌握。静态数据中常规的涵盖要素主要包括性别、年龄、收入、职业、受教育程度、婚姻状况等(见图 3-3)。通过对以上要素的分析,基本可以形成用户画像的概况。

图 3-3　用户画像的常规静态数据

动态数据,主要包括诸如用户的浏览、转发、评论、搜索等视频观看行为数据。动态数据由于一直处于变化状态,因此较难把握。这就要求短视频内容生产者要运用大数据平台进行数据的追踪与搜集,并通过长期积累总结用户规律,从而获得较为准确的用户画像基础信息数据。

在数据采集完成后,需要根据数据对用户进行体系构建,即贴标签。为用户贴标签是构建用户画像的核心工作。所谓标签,是指通过对用户的基础数据信息进行分析而得到的高度精练的特征关键词。通过对静态数据和动态数据的分析,给不同的用户打上标签,根据标签的权重、排列,可以得到很多用户的属性特征。短视频内容生产者可以借助这些用户标签,找到对应的目标受众。

因此,对于短视频内容生产者来说,一定要学会利用用户画像。通过构建用户画像,来明确自身内容产品的核心受众,并形成与竞品对象之间的差异化竞争,进而确定短视频内容产品在市场竞争环境中的位置。

二、深耕垂直领域，打造优质内容

短视频行业无疑是目前各新媒体领域中最大的风口，各大短视频平台拥有着巨大的流量，引得各方资本巨头、明星和素人纷纷加入，一时间风头无两。但随着短视频行业的迅猛发展，激烈的平台竞争和海量的作品内容，使得用户的要求越来越高，耐心越来越有限，注意力也越来越分散。在这种背景下，内容生产者想获得流量，就变得越来越困难。行业也逐渐开始认识到，只有优质的内容才是吸引用户的核心。

为了更好地满足用户挑剔的品味，提升用户黏性，除了要进行精准的用户定位以外，短视频内容生产也开始从最初的"野蛮生长"，进化到了"深耕细作"的阶段，垂直细分领域正成为短视频内容创作的突破点。

1. 什么是内容的垂直细分

所谓垂直细分，是指更加专注于某一行业或内容领域。这种模式抛弃了以往内容生产大而全的理念，通过更加精细化的策略，来进行内容的生产和运营。简单来说，垂直指纵向延伸，而不是横向扩展；而细分则是在垂直的行业领域中，再挑选主要的业务进行深度发展。以美食类短视频为例，美食是一个垂直的内容领域，又可细分为美食达人类（如"吃播"等）、美食教学类、美食评测类、美食探店类等不同的类型。在内容垂直细分模式的趋势下，美食类短视频在各大短视频平台的增长明显，热度不减（见图3-4）。

图 3-4　不同类型的美食类短视频

2. 内容垂直细分的意义

随着中国近几年短视频行业的迅猛发展，行业流量开始进入到存量竞争时代。从短视频行业发展的趋势来看，内容生产向垂直细分领域深耕，是抢占用户存量市场的必然选择和最优策略。

首先，深耕垂直细分领域有利于形成稳固的用户群体。虽然短视频平台的用户需求看似碎片化，但是

用户在观看短视频作品时的兴趣却是垂直的。垂类内容更加贴近用户的需求和趣味点,对用户的偏好定向也更加准确,因此有助于吸引特定的用户群体,并通过稳定的内容输出来维持用户黏性,进而形成规模化的用户社群或圈层。

其次,深耕垂直细分领域有利于内容产品的突围。选择自己擅长的垂直细分领域进行内容产品的创作,可以形成自己的特色,进而增强自己的内容产品在用户群体中的辨识度,让用户更容易记住自己,从而在众多的短视频作品中脱颖而出。

再次,深耕垂直细分领域有利于打造优质内容。网络短视频本身作为内容产品的一种形态,更要注重"内容为王"。如果没有优质、有价值的内容,即使能够在短时间内吸引到用户的注意力,从长远来看也无法留住观众。只有专业化,才能把内容做到极致。因此,短视频内容生产者可以通过对某一垂直细分领域的深耕,利用自己在该领域多年沉淀的专业知识和能力,打造能够带给用户收获和快乐的短视频内容产品,源源不断地生产出更优质、更有价值的作品。

最后,深耕垂直细分领域有助于强化短视频的 IP 属性。由于垂类短视频作品本身具有较高的辨识度和专业性,并能形成较为稳固的用户群体,因此该类作品的 IP 属性会随着用户的积累与产品的成熟而不断叠加。而垂类领域的短视频内容产品一旦拥有持续的优质内容产品的输出能力和稳定的用户关注度,便会形成强大的变现和议价的能力与空间,更适合 IP 的开发和建设。例如李子柒的 IP 属性效应,在经过前期的内容深耕之后,李子柒不但创建了自己的品牌,顺利地完成了变现,同时她的短视频作品更是走出了国门,成为中国传统文化输出的代表。所以,只要短视频作品所涉及的行业领域足够垂直,生产的内容足够优质,辨识度足够高,就能占据更多的流量市场,并逐渐建立起自身独特的 IP 价值。

3. 如何打造垂直细分的短视频内容

网络短视频生产的核心是内容,因此垂直细分主要是针对内容领域的垂类运营。为了避免垂类短视频运营在内容上的同质化倾向,内容生产者需要在垂直细分领域运营的过程中不断地输出内容相似,但又不趋同的产品,从而带给用户源源不断的新鲜感,保持用户黏性。那么,具体有哪些领域可以更好地呈现自己的内容呢?

1)知识类领域

知识就是价值的体现,做知识类领域的内容细分可以让用户产生对短视频内容价值的认同。在选择该领域进行内容输出时,可以通过对用户的兴趣匹配,去了解相关的知识内容。如历史知识、冷知识、星座、语言学习、信息资讯等,都可以成为深耕创作的领域(见图 3-5)。

2)实用类领域

知识类领域侧重从知识分享和价值获取的角度来进行内容的挖掘,而实用类领域则是从一些技巧类的实用功能介绍来进行内容的运营。例如做汽车类短视频,可以从品牌介绍、汽车测评、购车指南、保养技巧、二手车市场等对用户具有实用价值的方面来进行内容的输出,从而获得用户关注(见图 3-6)。

3)干货类领域

干货类领域,也称为"干货贴"内容。与知识类不同,干货类内容不以为用户进行知识科普为目的,而是更注重内容的实践性价值,而且内容密度更高,可以为用户的生活、工作或学习带来更有实效性的帮助。因此,干货类领域的内容要比知识类领域的内容更"硬核"。无论是在抖音或 B 站等各大平台,都有大量的干货类短视频内容。从软件教程到网站运营,从家居装修到美食烹饪,干货类内容的短视频作品都深受用户的喜爱。

图 3-5　知识类领域的短视频内容

图 3-6　实用类领域的短视频内容

三、注重视觉效果，设计图文包装

　　当今人类社会已经进入"视觉时代"，人们对于高效地获取和解读信息的要求也越来越高。因此，视像化和动态化就成了展示信息内容的重要趋势。而网络短视频作为拥有生动形象和动态画面的视听媒介形态，不但可以将图像、文字、声音等诸多信息要素融合在一起，以更加立体饱满的效果传递给受众，同时其短、平、快的传播特点，大大降低了信息获取的时间成本，使其成为越来越多的人获取内容信息的新宠。

　　然而，网络短视频的这些优势需要在内容播放的过程中才能体现出来。放眼当下，每天都有海量的短视频作品涌入人们的视野中,要想在最短的时间内迅速抓住受众的眼球,让优质的内容产品可以被用户浏览,首先就需要对短视频作品进行视觉效果的图文包装设计,以精致美观的图文包装效果吸引用户的注意力。

风格独特的图文包装效果不但可以增强用户对短视频作品的识别能力,同时也可以为用户带来良好的观看体验,进而对短视频内容的传播起到锦上添花的作用。因此,在网络短视频的内容生产方面,既要重视优质的内容创作和输出,也要做好图文包装的设计工作。

1. 封面包装设计

封面效果,是影响短视频点击率的一个重要的关键因素。

封面也叫作头图,往往是用户在浏览短视频作品时首先映入眼帘的内容。短视频封面越好看,观众主动打开观看的欲望也就越强烈。有数据表明,用户在进入抖音的个人主页之后,封面更好看的账号,用户产生二次点击的概率是封面普通账号的 5 倍以上,封面的重要性不言而喻。

一般短视频作品会选用一张或多张图片作为封面。选用图片做封面,主要是因为图片在内容展示方面比文字更加直观、形象,具有更强的视觉感染力,因此更能吸引用户的注意力。那么该如何设计封面?

1)封面要具有代表性

短视频作品的封面头图一定要与短视频的内容保持一致,并能集中体现作品的主题。因此,就要选择具有代表性、能够涵盖短视频主题元素的画面来作为封面,这样可以让用户通过封面迅速了解作品的内容。

例如,做萌宠类内容的短视频,可以用宠物的视频截图的图片作为封面头图;做电影解读类内容的短视频,可以用电影宣传海报或者影片中经典镜头的图片作为封面头图。

2)封面图片内容要简洁充实

封面头图要尽量选择画面内容充实、构图美观、主题突出、背景干净简洁的素材。一方面,可以带给用户视觉欣赏的美感和愉悦感;另一方面,布局简洁清晰的封面头图可以迅速让用户抓住内容的重点,一目了然。

3)封面排列可运用拼贴设计

一般来说,封面头图的图片是单一型图片,内容要完整闭合,以便更好地传递内容信息。但是如果短视频内容期数较多,需要以系列的形式推出,为了避免同系列封面的重复性与同质性,更好地强化作品之间的联系,封面的设计可以采用拼贴式的手法。现在很多电影解读类的短视频作品都会采用拼贴式的封面设计手法,在一个主题系列下,多期作品的封面共同拼接成一张完整的能够体现系列主题的图片(见图3-7)。

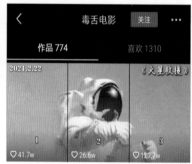

图 3-7　拼贴式的封面头图

4)封面设计风格要统一

一个账号下封面头图的设计风格一定要统一,这样可以便于形成自己特有的标识特征,增强辨识性。

当然,风格统一并不意味着所有作品的封面头图内容都一样,而是指在每一期作品的头图设计上都采用统一风格的排版及标识,形成属于自己的视觉特征。如"织布坊"在"北京组工"系列的短视频作品中,每期封面都是采用上中下的三栏式设计,中国红主调风格的色彩标识,主题字加黄色底框搭配的文字设计,形成了风格统一的视觉标识(见图3-8)。

图 3-8　风格统一的封面设计

5)封面文字设计

封面的文字设计,主要是指封面的主题字的设计。

主题字概括要简洁明了,尽量不要超过 20 个字,文字字号要比其他内容更大,字体更粗,色彩对比更明显。核心关键词可以进行重点标识,适当地予以加粗加大,以便于用户可以在最短的时间内读取作品的主题内容。

2. 头像包装设计

网络短视频的账号头像是用户辨识账号的另一重要因素。设计选择合适的头像,可以与用户建立起更为密切的视觉联系,拉近心理距离,并有助于树立 IP 形象。

1)头像风格

头像可以分为真人形象类头像、LOGO 头像、体现账号风格特征的卡通头像、纯文字类头像以及各垂直领域的代表性元素头像等。

账号头像风格的设计,应该根据自己作品的定位来确定。如果短视频账号是定位于某一个垂直细分领域,那么头像的选择最好要与所涉及的领域有一定的关联,从而让用户在看到头像的时候就能够知道账号所涉及的内容领域。例如,做母婴内容的账号,可以选择母婴内容的图片或展示母婴主题的文字标题作为头像;动漫类或二次元内容的账号,往往会选择动漫形象作为头像内容;如果短视频账号是真人出镜式的,更强调个人风格,那么则可以考虑使用出镜者的真人头像作为账号的头像,这样便于让用户对账号有更直观的认知,并建立强烈的信任感,如李子柒、李佳琦等人的账号,都是以个人图片作为账号头像(见图3-9)。

2)头像设计原则

账号头像的设计一定要简洁清晰,头像内容一定要与账号名称保持统一。真人形象类头像尽量避免使用远景或不完整形象的人物图片,背景元素设计要简洁明了;文字类头像应注意文字内容言简意赅,文字颜色与背景颜色形成一定反差,视觉形象醒目(见图3-10)。

图 3-9　各种不同类型的头像风格

图 3-10　文字类头像

3. 账号名称和简介包装设计

一个好的账号名称和简介可以向用户传递内容产品的价值,树立品牌形象,降低内容传播的成本。因此,给账号取一个响亮的名称,写一个独树一帜的简介,配合独具个性的头像及精致的封面头图,可以更好地吸引用户的注意力,增强账号的辨识度。

1)账号名称设计的注意事项

首先,名称要简洁易记。一个好的账号名称应该足够简洁,字数不应太长,同时避免使用生僻字,以便于用户记忆。例如"毒舌电影""贫穷料理""奇妙博物馆"等,不仅名称简洁易记,也与作品内容相呼应,从而有利于 IP 效应的形成与品牌形象的推广。

其次,名称要能够体现账号的内容属性。很多账户名称虽然漂亮响亮,但是用户却无法在看到名称的时候了解短视频的内容信息,无法判断短视频是否对自己有价值,导致很多好的短视频内容被忽视。为了避免这种情况的发生,可以通过引入关键词的方式进行名称的命名。通过关键词来提示账号内容所涉及的垂直细分领域和内容方向,让用户可以通过名称快速地定位内容产品的价值信息。如"大 LOGO 吃垮北京""广州吃货小分队"就鲜明地向用户提示了短视频内容与美食之间的关联,从而快速吸引热衷于美食的用户的注意。

2)简介撰写的注意事项

简介作为短视频账号首页中"个性签名"一般的存在,体现了每个账号独树一帜的风格特色。好的账号简介如同内容产品的广告语,可以在用户之间口口相传,降低内容传播的成本。如 papi 酱的账号简介就是"一个集美貌与才华于一身的女子"。

简介内容的设计方法非常多,下面列举几种常见的类型。

平铺直叙型。平铺直叙就是以直白通俗的语言,将账号的特点和关键信息表述出来。如"奇妙博物馆"的简介就是"收藏 1001 个奇妙物件儿的博物馆;贪嗔痴恨爱恶欲,这七大馆中总有你见过或未曾见过的人心;做好准备,即刻进馆!"

身份介绍型。如李子柒的账号简介就是"李家有女,人称子柒",papi 酱的账号简介就是"一个集美貌与才华于一身的女子"。

口号型。如大"LOGO 吃垮北京"的简介就是"一个想火的吃货",李佳琦的简介是"涂口红世界纪录保持者,战胜马云的口红一哥"。

内容领域定位型。如"历史趣事"的简介就是"每天科普一些历史知识","毒舌电影"的简介是"看电影,可以改变人生"。

业务推广型。如"看电影吧"的简介就是推广自己影视宣发的业务以及联系方式。

无论采用哪种形式的简介文案,都需要注意简介内容一定要与账号所发布的内容产品保持风格上的一致性。

4. 内容包装设计

网络短视频的内容包装设计,主要包括对片头、正片和片尾三个部分的视觉元素进行统一风格的包装,从而使短视频作品更加具有可观赏性。

内容的图文包装,需要根据短视频作品的内容、风格、节奏和类型等多方面综合考虑,对作品的动画效果、色彩风格、文字样式、剪辑节奏和整体包装等视觉元素进行总体设计。一旦包装风格确定下来,就要保持一致,从而形成自己独特的视觉标识,提高内容产品的辨识度,更好地吸引用户的注意力。

如李子柒的短视频系列就一直沿用她所创造的古风美食、恬静优雅的风格。她的短视频作品中的内容包装元素,诸如拍摄、剪辑、制作等风格,都与她作品的定位和内容十分契合,画面精良,色调饱满,为观众营造出一种素雅、安静的视觉效果。整个短视频系列的风格都保持高度的一致性,不但极大地丰富了受众的观看体验,为观众营造了一个视觉空间中的世外桃源,同时也形成了李子柒特有的标签,以其独特的图文包装风格为她的品牌建构打下了重要的基础(见图 3-11)。

图 3-11　李子柒作品的内容包装设计

　　对网络短视频作品进行适当的图文包装设计,有助于突出作品的个性和特征,增加观众对内容产品的认可度和辨识度。尤其是在当下短视频内容竞争日趋白热化的背景下,用户的观赏品味也越来越挑剔,新颖、有创意的短视频图文包装效果,可以使作品在众多的同类产品中脱颖而出。

　　需要注意的是,图文包装效果作为辅助内容表现的重要手段,起到的只是锦上添花的作用,而网络短视频作品最重要的还是内容,只有好的内容才是留住用户的关键。

Wangluo Duanshipin Chuangzuo

第 4 章
网络短视频团队构建

近几年来,在网络短视频行业爆发式增长的大趋势下,涌现出了大量的流量入口和内容平台,不仅吸引了无数的用户和资本蜂拥而至,也为内容创业者提供了展示才华与创意的舞台。虽然网络短视频具有高传播、低门槛的特性,但是随着短视频行业发展日趋规范化和专业化,用户对于内容产品的质量也提出了更高的要求。因此,作为短视频内容生产者,能否持续地产出优质的内容产品,赢得更多的用户时间,就成为其是否能够在这场短视频浪潮中获得一席之地的重要因素。

但是一个优质的网络短视频作品,从前期策划、中期拍摄到后期剪辑和运营,每一个环节的工作都比较复杂,如果只依靠个人的力量是很难在短视频领域中脱颖而出的。因此,组建一个分工明确、高效运转的团队就显得至关重要。

4.1
短视频团队成员的基本要求

短视频团队的搭建,要根据内容产品的方向和人员的分工来进行,不同的工作任务,对成员的基本技能要求也是不同的。但是,作为优秀的短视频内容生产者,团队中无论是谁都要具备一些基本的能力。

1. 用户分析能力

短视频的内容生产者首先需要具备洞察用户市场需求的能力,掌握用户的喜好与痛点,能够站在用户的角度,对内容生产进行有针对性的选题与策划,这是短视频内容产品能否成功的基础。因此,对于用户的分析感知能力,是短视频内容生产者需要首先具备的基本能力。

2. 内容生产能力

网络短视频作为一种内容产品,优质的内容始终是其取得成功的核心因素。只有好的内容才是吸引用户的关键,进而实现未来的内容变现。因此,网络短视频内容生产者必须要具有较强的内容生产能力,根据用户的需求持续地创作出优质的内容产品,才能使自己的作品立于不败之地。

3. 市场运营能力

短视频的市场运营是助力网络短视频作品推广、提高用户观看和认知度的重要推手。网络短视频的内容生产者需要根据不同短视频平台的算法机制及发布规则,针对不同平台和用户的属性,选择合适的分发渠道来进行内容产品的推广。并在产品发布后,建立有效的用户反馈机制,及时地维护粉丝群体及评论信息,进而强化用户对短视频内容产品的认知度和忠诚度,扩展传播量,形成传播矩阵。

4. 审美能力

网络短视频作为一种视觉文化产品,不但具有娱乐消费的功能,同时还具有重要的认识和价值引导功能。因此网络短视频的创作,无论从影像的角度还是从内容的角度,都应该做到以真善美为指导方针,将娱乐消费与审美价值统一在一起。这就要求内容生产者不断提高自己的审美能力,并持续地创作出具有审美价值的优秀作品。

5. 数据分析能力

短视频生产的整个过程都离不开数据的支持。要想取得足够的曝光度和热度,就需要团队成员具备数据分析能力,用数据来为内容选题、产品发布等工作服务,以此来更好地指导内容产品的创作方向。

6.持续学习能力

短视频行业的发展趋势较快,作为一个创意型领域,网络短视频内容生产的创作手法和知识体系也在不断推陈出新。这就需要短视频内容生产者具备不断学习的能力,在自己的专业领域不断突破自我,与时俱进。

4.2
短视频团队的架构模式

短视频团队的架构模式与短视频内容定位有着密切的联系,不同的市场定位和发展阶段所需要的团队结构和成员数量也有不同的要求。常见的短视频团队的架构有专业团队模式、标准团队模式和简易团队模式三种。

一般来说,无论是哪种团队架构模式,都需要能够涵盖网络短视频内容创作的完整生产流程,这就要求合理地进行团队成员的分工。

1.专业团队模式

专业团队模式多见于 PGC 的内容生产模式或者 MCN 机构。这种模式的团队成员数量较多,可以达到5～10人甚至更多。各职务分工明确,能够覆盖内容生产的各个环节。可以将每一项工作进行精细分解,以工业流水线式的标准化流程,实现创作团队的高效运转。可以满足内容输出周更或日更的需求。

专业团队模式的成员构成如图 4-1 所示。

图 4-1　短视频专业团队的模式架构

2.标准团队模式

标准团队模式是指根据网络短视频生产的前期策划、中期拍摄、后期制作和内容运营这四个主要环节,进行人员配置的简化。每个环节设置至少一个成员,成员人数一般在4～5人之间,主要包括编导、摄像师、后期制作和内容运营这四个职务。

标准团队模式的成员构成如图 4-2 所示。

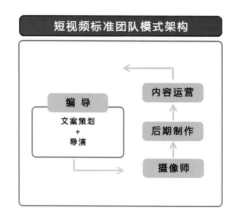

图 4-2　短视频标准团队的模式架构

3. 简易团队模式

简易团队模式适用于个人内容生产者（UGC 模式），这种团队模式往往以个人的形式来进行内容的创作，一人承担多个职务的工作，完成短视频的内容生产。

不同人员配置的短视频团队模式，对内容产品的质量和输出效率有一定的影响。人员配置齐全的短视频团队，由于专人专岗，各司其职，所以工作效率自然更高，产品输出的质量也更有保障。如果团队人员配置不齐，一个人身兼数职，不仅很难把控内容产品的质量，更谈不上高效高产的输出效率。到底该如何选择团队的配置，还是要根据自己的定位和发展阶段来确定。

4.3
短视频团队职责分工及能力要求

1. 文案策划

网络短视频团队中的文案策划这个职务，大致相当于传统影视制作行业中编剧的这个角色。

文案策划作为短视频团队中负责前期工作的最重要的角色，需要具有较强的网络热点的感知能力和超凡的创意思维，能够敏锐地捕捉用户喜好，搜寻热点话题，负责每一期短视频作品的题材选题、风格定调、内容框架、时长把控和文案的脚本撰写等工作。

由于网络短视频时长短、信息密度大，同时还需要能够吸引用户的注意力并形成热点，因此短视频制作领域中的文案策划这一职务对个人综合能力的要求更高。一般来讲，一个短视频团队中的文案策划需要具备以下能力。

1）方向定位能力

短视频制作团队中的文案策划首先要具备为内容产品进行定位的能力，也就是要为自己的团队选定一个内容方向。文案策划需要根据目前各大平台内容产品的竞争情况以及用户的需求侧信息等，结合自己团队的资源配置及特点，分析出哪些细分领域更受用户欢迎，哪些细分领域可以深耕出优秀内容并具有更好的变现前景,找到适合自己团队的创作方向。

2)选题策划能力

选题策划能力其实就是内容选题的分析与挖掘能力。文案策划需要根据短视频用户的特征,制定内容创作的风格及选题,并确定每周选题的数量。这对短视频产品后期的内容运营也有重要的影响,例如引流、粉丝转化、变现等很多运营工作都需要结合内容来完成。因此,文案策划者需要具备较强的选题策划能力,能够持续稳定地挖掘并策划出用户喜爱的选题。

3)文学脚本创作能力

文学脚本是短视频拍摄的基础,也是决定能否最终实现短视频粉丝转化、粉丝倒流和变现等的重要保障。文学脚本的创作不仅要考虑内容产品的定位和风格,而且要结合实际拍摄的情况,将表现方式、内容架构及时长等要素考虑在内。一个好的文学脚本可以保障拍摄计划的顺利进行,因此,短视频团队中的文案策划一定要具备较强的文学脚本创作的能力。

4)组织协调能力

文案策划这个职务还需要具备较强的组织协调能力,在前期筹备阶段需要与客户保持密切的沟通,并负责组织协调外部团队拍摄的执行情况,以保障项目工作得以顺利完成。

2. 导演

导演是贯穿短视频内容生产前、中、后期的重要组织者和领导者,在短视频制作的每一个环节都需要导演的把关与参与。作为短视频创作中各种元素的统合者,导演的主要任务是把握短视频作品的基调,组织和协调团队内所有的主创与演出人员,保证短视频内容的具体呈现。导演的专业素养和能力在很大程度上会影响到短视频作品的质量和效果。

1)前期策划能力

导演在前期准备阶段需要与文案策划共同为内容产品制定创作思路与风格导向,并参与选题的讨论工作。与文案策划在前期的工作侧重点有所不同,导演更多的是从拍摄创作的角度来对选题和文案进行审核把控,提出优化的方案与建议。

2)分镜头脚本的创作能力

分镜头脚本是指导短视频拍摄及后期工作的重要依据,它是在文学脚本的基础上,对脚本中的文字性内容进行可视化表现的重要一步。导演在进行分镜头脚本的创作时,需要结合前期的文学脚本内容及风格,对镜头的长度、景别、拍摄内容、拍摄手法、音乐音效、时长及调度等视听元素进行精心的设计,以便增强作品的镜头表现力。因此,作为短视频内容产品的拍摄提纲和框架,分镜头脚本对中期拍摄、后期剪辑等工作都具有流程指导的重要意义。

3)现场指导能力

现场拍摄作为中期创作阶段的主要工作,是将前期文学脚本的文字性内容落实为具体影像的最关键一步。作为导演,在拍摄现场需要根据前期分镜头脚本的设计,严密地掌控剧组的拍摄进程与动向,指导演员与机位的调度,与各主创成员实时沟通,以确保团队成员准确理解、领会导演的创作意图,从而圆满地完成拍摄任务。

4)后期制作能力

后期制作能力是导演影像和剪辑思维的重要体现,也是导演应该练就的"基本功"。在有专门后期制作

人员的团队中,导演主要负责与后期制作人员进行沟通,指导短视频的后期编辑工作,把控作品的镜头取舍、声画关系、叙事节奏、视觉风格、特效包装等工作,以确保导演的创作思路得到最终的贯彻与执行。在成员分工较为有限、制作周期时间紧张的情况下,具备一定后期制作能力的导演可以自行完成剪辑工作,进而保证内容产出的效率和质量。

5)审美能力

网络短视频作为重要的视觉文化产品,内在的审美性是优质内容的重要标准。正如木心先生曾经说过:"没有审美力是绝症,知识也解救不了。"足见审美价值对于网络短视频的重要性。导演作为给短视频作品定调的核心负责人,应该具备一定的审美能力,从而为用户呈现出既具有视觉美又具有内容美的短视频作品,这也是一个优质短视频内容产品的应有之义。

3. 演员

演员作为网络短视频内容视觉呈现中不可或缺的一员,是最容易与观众建立情感连接的对象。由于网络短视频创作具有草根性和大众化的特点,网络短视频创作领域对演员的要求与传统影视领域有很大差别,呈现出鲜明的平民化趋势。高颜值已经不再是演员选择的唯一标准,根据不同的作品类型和定位,出镜者既有明星、大 V,也有素人演员。

网络短视频时代给了每个普通人成为"明星"的机会,但无论是哪种类型的演员,都需要满足以下的基本要求。

1)形象符合"人设"要求

在演员选择的过程中,要充分考虑到短视频内容人物设定的基本要求,选择外形有特色、语言和动作符合人物形象设定的对象作为演员。形象有特色的出镜演员不但可以使短视频的内容变得更加生动有趣,起到锦上添花的作用,而且可以让观众在视觉上眼前一亮,吸引观众点击观看短视频作品,提高作品的播放量。

2)具有良好的表现力

网络短视频的出镜者除了要符合"人设"要求以外,还应该具备良好的表现力,即演技。由于网络短视频作品的内容时长较短,出镜者需要在非常有限的时间内,通过鲜明生动的表演来诠释导演所要传递的内容,吸引观众的注意,并让观众完成作品的浏览。这就要求出镜者要具备较强的表现力,能够做到生动传神地诠释角色的"人设"要求,这对于演员来讲是一个重要的基本素质。

4. 摄像师

摄像师主要负责把控整个拍摄环节,对镜头的调度、构图、光线和色彩等进行处理,将编导的创意设计转化成富有美感和意境的影像画面,并为后期制作留下好的原始素材,节约制作成本并实现拍摄目的。在网络短视频的中期拍摄阶段,摄像师的作用仅次于导演。一个好的摄像师,是短视频成功的重要保障。

1)熟练运用各种拍摄设备

拍摄设备对于短视频画面内容效果的呈现具有非常重要的作用。随着技术的发展,各种拍摄器材的技术含量越来越高,设备类型也多种多样,无论拍摄创作中使用的是手机、数码相机还是专业摄影机,摄像师都应熟悉掌握拍摄设备的操作技巧,并能够根据实际的创作环境和拍摄设备来选择合适的附件,全力发挥拍摄设备的性能,这对于摄像师来说是最基本的技能要求。

2)镜头设计和脚本创作能力

摄像师在拍摄前需要熟悉文学脚本,并根据导演的创作意图和文案内容,与导演共同讨论分镜头脚本的设计,并与美术师、灯光师等沟通布景和色彩光影风格,完善镜头影像效果的设计,以便更好地贯彻和实现导演的想法。

3)高超的拍摄技能

拍摄技能是摄像师最核心的能力要求。首先,摄像师要善于把控画面的光影和律动。摄像作为曝光的艺术,摄像师是在用光进行内容的书写与表现。准确地设计与控制曝光,是赋予画面独特影调和质感,建立短视频内容视觉风格的重要手段。其次,摄像师还应通过对各种拍摄技巧的熟练运用,准确地实现镜头的创作,完成导演场面调度的设计意图。摄像师在拍摄过程中,需要根据导演的创作要求,通过对演员在画面内的运动设计以及对摄像机焦距、机位、镜头光轴的设计,来实现文学脚本内容的最终视觉呈现和表达。最后,无论是运动镜头还是固定镜头,摄像师都应具备保证画面景别的自然过渡,使构图符合视觉审美要求的能力。

4)具备一定的剪辑思维

具备一定的剪辑思维,指的是摄像师要具备蒙太奇结构的思维意识。

很多人会认为剪辑是后期制作的事情,在实际拍摄的过程中不需要考虑后期的工作内容,但其实具备剪辑思维可以帮助摄像师提高创作效率,创作出画面内涵丰富的镜头素材,并为后期制作提供重要的帮助。

虽然在拍摄过程中,全程会有分镜头脚本做指导,但是也会经常出现需要现场临时调整镜头设计的情况。这时如果摄像师没有较强的剪辑思维,就很容易造成拍摄的素材内容杂乱,镜头之间缺乏关联,难以进行剪辑编排的问题。一个好的摄像师,无论在拍摄过程中遇到何种突发情况,都能够对所拍镜头的排列次序和整体结构做到心中有数,不会出现漏拍或素材混乱的情况。

另外,拍摄过程中,有时候同一场次的镜头需要分成一天或者几天的时间进行拍摄,如果摄像师缺乏剪辑思维,很容易造成同一场次的镜头光色衔接不统一的情况,使画面出现强烈的色差,导致在剪辑时造成前后镜头忽暖忽冷、忽明忽暗的光色跳跃,影响影片内容的呈现和表达。

具备一定剪辑思维的摄像师会在转场的镜头拍摄中留有充分的衔接空间,为后期剪辑提供便利,并且能够保证镜头关系节奏的一致性,处理好相邻运动镜头的拍摄速度,并在整体构思中为动静镜头的后期剪辑留好剪辑点。

5. 后期制作

后期制作主要负责把控整个短视频的后期剪辑和包装工作。剪辑师要根据文学脚本和导演的设定,对拍摄的视频素材进行取舍,使杂乱无章的镜头片段有机地组合在一起,形成一个完整的作品。同时还要设计并添加合适的配乐、配音以及特效,从而为观众呈现出一个内容结构严谨、影像风格鲜明的短视频作品。

1)镜头选择能力

剪辑的第一个基本任务,是对所拍摄的镜头素材进行取舍。在拍摄过程中,为了保证后期剪辑素材的充分,经常按照1∶3～1∶7的片比进行镜头的拍摄,即如果成片时长是1分钟,那么拍摄的素材量应该达到3～7分钟,以便在剪辑时有充分的备用素材可以使用。但这也带来了另外一个问题,即剪辑师该如何从众多的素材中进行取舍,最终挑选出最为适合的镜头进行剪辑。这就需要剪辑师具备去粗取精的能力,敢于取舍,从而挑选出最优质的镜头进行组合剪辑。

2)结构设计能力

剪辑并不是简单地将一系列的镜头进行组合和排列,而是要设计并结构出作品最终的叙事框架。可以这样说,短视频作品结构的安排与设计是剪辑师的最终任务。因此,剪辑师既要具有微观思维,能够选择合

适的镜头进行排列,进而组成流畅的镜头序列;也要具备宏观意识,能够通过对镜头段落的设计,实现不同叙事结构的组合排列,使短视频作品最终成型,以丰富生动的叙事形式,完成作品传情达意的目的。

3)节奏把控能力

叙事节奏,是短视频内容表现中一个非常重要的因素。节奏的张力,会影响观众的视觉和心理感受;而节奏的形成,很大程度上是通过后期制作来实现的。一个好的剪辑师,能够根据脚本叙事内容的情绪基调来匹配组合镜头素材。通过不同镜头时间长度的设计、剪辑点的把控、声画关系的处理等方法,创作出节奏张弛有度的短视频作品。

6. 内容运营

虽然优质的内容是网络短视频作品获得成功的前提,但是在当下多渠道、多平台的短视频竞争洪流中,如果没有内容运营对短视频作品进行保驾护航,再优秀的内容产品都有可能被淹没在信息的大潮之中。因此,内容运营的工作对于短视频作品能否成功获得用户的注意力,并最终实现内容变现,有着重要的影响。

内容运营的主要职责就是要熟悉各大平台的算法和发布规则,根据作品的定位和用户属性,选择合适的渠道进行推广,并建立有效的用户反馈机制,定期维护粉丝社群及管理用户反馈信息,从而为短视频内容的创作方向提供一些导向性意见,并为后期的推广及变现提供保障。

1)数据管理与分析能力

短视频作品在发布之后,所有的结果与反馈都会以数据的形式展现出来,对数据的管理和分析,可以为短视频团队的内容生产提供指导。内容运营可以根据对内容产品的全网播放量、单渠道播放量、播放完成率、退出率、收藏、评论、转发及平均播放时长等一系列数据的管理与分析,来优化自己的短视频内容产品;通过数据来分析各平台的流量高峰时间,从而确定短视频作品发布的最佳时间窗口,以便让自己的内容获得更高的曝光量。因此,数据管理与分析是短视频运营必须具备的基本能力。

2)内容管理与分析能力

运营人员需要通过对各平台的短视频内容产品进行采集与整理,对现有的市场和用户需求进行数据分析,从而为短视频团队的内容创作提供导向性的意见。另外,运营人员也需要对各平台中与自己类型相同或相似的短视频竞品进行对比分析,取长补短,对自己作品中的不足进行有针对性的优化。虽然运营人员并不直接参与短视频的内容创作,但是在短视频内容选题、平台发布以及后续的效果评估等环节,都需要运营人员的参与。

3)用户管理与运营能力

对用户的管理与运营,本质上体现了网络短视频行业以用户为中心的生产策略。在短视频作品发布后,运营人员需要通过对用户反馈的数据进行收集和分析,了解用户的喜好,并有针对性地制定运营策略,策划运营活动,以达到拉动新用户、留住老用户、提升用户活跃度和付费转化率(即"拉新、留存、促活、转化")的最终目标。通过对用户的管理与运营,增强用户的黏性和忠诚度,强化用户对短视频内容产品的好感,拓展短视频作品的影响力。

4)渠道管理和分析能力

当下短视频内容发布的平台众多,每个平台都有自己的特点与推荐机制,同时各平台的用户属性也有所不同。选择一个适合自己内容产品的发布平台,有助于短视频团队获得更多更好的曝光机会,以便争取更多流量。这就需要运营人员具备较强的渠道管理和分析能力,能根据不同平台的属性、用户群体的特征、平台活动和渠道红利等因素,来判断平台是否与团队内容产品的定位相吻合,从而将其作为内容产品发布的主要渠道。

7. 其他成员

一个专业完备的短视频团队还包括录音师、灯光师、美术师、配音、化妆等成员,具体可根据团队及内容创作的实际情况来设置。

需要注意的是,由于网络短视频的内容生产具有高效性与持续性的特征,这就对短视频创作团队的成员提出了更高的能力要求,各个成员要具备一专多能的本领。只有这样,才能打造出一支高效优良的短视频团队。

Wangluo Duanshipin Chuangzuo

第 5 章
网络短视频文案脚本策划

古人云："谋定而后动"。只有提前精心谋划,才是取得成功的保障。网络短视频的内容生产也是如此,文案脚本的策划可以说是网络短视频创作的"灵魂"。

对于网络短视频创作而言,策划就是为了更精准地实现资源的优化配置,搭建内容产品的框架,完善作品的细节,明确创作的思路,并将未来的各项工作进行提前预判和部署,实现真正意义上的"谋定而后动",最终达到"厚积而薄发"的目标。有了好的策划,才可能打造出好的内容产品,进而将短视频行业的红海变为内容创业的蓝海。

5.1 网络短视频文案脚本概述

网络短视频的文案脚本是一个相对笼统的概念,它涵盖了网络短视频创作在前期内容筹划阶段的所有具体设计。可以将其理解为网络短视频作品的内容纲要、创作规划和实施要点等,将所有的创意思路和构想,以文案的形式来进行呈现,并指导后续的拍摄和制作等环节。

可以说,文案脚本是网络短视频拍摄的重要依据,文案脚本的创作就是为了提前统筹规划好每个阶段的工作内容,可以提升后续工作的效率,保障作品质量。如果把网络短视频创作比喻成建房子,那么文案脚本就相当于建筑的设计图纸,起到流程指导和统领全局的重要作用。

在创作的具体要求上,网络短视频的文案脚本与传统影视作品的文案脚本又有所差异。由于网络短视频的时长和使用场景的诸多限制,就要求网络短视频的文案脚本信息密度更大,表现形式更直接,才能够在以秒为单位的时间内抓住观众的眼球。

5.2 网络短视频文案脚本的类型

网络短视频的文案脚本主要分为三种类型,分别是提纲脚本、文学脚本和分镜头脚本。

1. 提纲脚本

提纲脚本是指在网络短视频拍摄前,以内容纲要的形式将拍摄要点进行罗列标示的脚本类型。提纲脚本相当于为网络短视频的内容搭建了一个基本框架,以便在后续的拍摄过程中提示拍摄重点。

该类型的脚本主要适用于内容篇幅较简短的 Vlog,或者那些由于现场不确定因素较多,无法制定精准预案的拍摄情况,如街头采访、美食探店等。

提纲脚本的内容信息简洁,允许创作者在现场进行自由发挥,但同时也要求创作者具有较强的控场能力和整体意识,否则很容易出现拍摄素材混乱、无法进行后期制作的问题。因此,除非是特定题材和内容的需要,否则尽量不要选择使用该类型的脚本。

2. 文学脚本

文学脚本是指网络短视频拍摄所依靠的大纲蓝本,类似于传统影视作品中的剧本,是网络短视频内容

创作的重要基础。

网络短视频的文学脚本作为故事内容的发展大纲,主要是对网络短视频作品的整体框架结构进行比较细致的规定,包括对故事中的人物关系、台词、规定动作、情绪变化以及故事发生的时间、地点等信息进行内容的细化。

就篇幅而言,文学脚本的字数可以根据网络短视频作品时长设计的不同,从几十字到几千字不等。以一部时长为几十秒的搞笑段子类的网络短视频作品为例,由于该类型的作品内容主要是以段子和演员的夸张表演为主,所以文学脚本只需要规定角色的任务、台词及一些重要的表演提示即可,字数篇幅一般在 200 字左右。

3. 分镜头脚本

分镜头脚本又叫作摄制工作台本,是将文字内容转化为视觉形象的重要环节,既可以指导摄像师的拍摄工作,又能够为后期制作提供剪辑依据与蓝图。

分镜头脚本的内容比较细致,需要具体到每一个镜头,包括每个画面的镜号、景别、拍摄手法、画面内容、时长和音乐音效等(见图 5-1)。虽然分镜头脚本是从电影创作中借鉴而来的,但是其格式灵活,创作者可以根据实际的情况对分镜头脚本的内容构成进行适当的增加或删减,不必拘泥于形式。

镜号	景别	拍摄手法	转场	画面	时长	音乐/音效	备注

图 5-1　分镜头脚本的基本构成要素

相较于前两种脚本形态,分镜头脚本的内容格式更加精细。一个好的分镜头脚本可以明确拍摄思路,提高拍摄效率和质量,并为后期制作带来巨大便利。

5.3
网络短视频提纲脚本的创作技巧

提纲脚本的内容形式比较灵活,可以根据具体作品的内容要求、现场及对象的实际拍摄情况来调整。

1. 提纲脚本的特点

1)概括性和提示性

提纲脚本的内容不需要特别细致,但是要做到提纲挈领,所提示的内容一定要思路清晰,结构层次明确。只有这样,才能确保在拍摄过程中无论遇到什么不确定性因素,短视频内容的创作导向和整体结构都是可控的。

2)不完整性和不确定性

提纲脚本一般多应用于一些拍摄环境和事件不完全可控的情况,因此无法做出完整预案,这也就使得提纲脚本的内容具有不完整性和不确定性的特点。比如在一些街头采访类的短视频作品中,由于随机采访对象的不确定,涉及人物的访谈或者对象的介绍时,不需要把每句话都写出来,只需在提纲脚本中简明扼要地点明话题要点,然后由出镜者自由发挥,进一步引出后续内容,并根据现场情况做出临场反应,提出对策。

3)结构性和逻辑性

提纲脚本虽然不能完全涵盖所有的内容,但是也需要有一个比较明确的内容结构和话题框架,以确保最终作品不会因为现场的不确定性而导致逻辑混乱。在进行提纲脚本创作时,可以先将作品的内容大致分为若干板块,然后明确每个板块需要具体体现哪些要点,在这些要点中又有哪些是需要着重展开表现的,同时明确板块与板块之间该如何进行衔接,逻辑关系该如何进行递进,等等。这样可以尽量确保短视频作品的结构完整严密,避免出现内容混乱的问题。

2. 提纲脚本的内容创作

网络短视频的提纲脚本内容较为简洁,主要包括以下几个方面。

1)明确主题及立意

用较短的篇幅来阐述作品内容的主题及创作意图。

2)提前预判情境

分析拍摄环境与对象,对拍摄现场及拍摄对象的基本情况进行一定的预估,同时对拍摄过程中可能会出现的一些突发状况进行提前预判,并建立适当的应急机制。例如想要做一个向观众介绍地域庙会传统特色美食的短视频作品,那么创作者就必须根据庙会上的人流量情况、传统美食在庙会上的位置分布情况等,挑选出几个具有代表性的美食,并制定出合理的拍摄路线。

3)重点信息整理

重点信息整理是指需要提前了解掌握拍摄对象的相关资料或知识,并将重点信息提炼出来,以关键词或标签的形式放在提纲脚本中,以便在拍摄过程中做到心中有数。例如在介绍庙会传统美食时,需要对该传统美食的历史、与之相应的典故、制作的技艺及传承等相关信息做到了如指掌,从而使作品的内容更加翔实丰富。

4)明确风格定位特点

在提纲脚本中需要根据短视频的内容来确定作品的风格、节奏等基本调性,以便在拍摄的过程中根据前期的定调来指导运镜及表演等。同样以庙会美食短视频为例,可以在提纲脚本中明确作品的风格是欢快的、传统的、时尚的还是逗趣幽默的等。

5)明确内容结构方案

在提纲脚本中需要对作品的内容结构进行一定的设计,根据所要表达的主题和对象,设计合理的结构层次,从而使现场的拍摄能够有章可循。

短视频提纲脚本的内容结构方案实例如表 5-1 所示。

表 5-1　短视频提纲脚本的内容结构方案实例

结　　构	内　　容
第一部分	庙会历史介绍
第二部分	童年味道追忆,庙会传统美食探访(选择 3～4 种传统庙会美食)
第三部分	总结结尾

6)确定拍摄方案

拍摄方案主要包括拍摄的时间线、拍摄场景和切入话题三个部分。仍旧以庙会美食短视频为例,其具体的拍摄方案提纲如表 5-2 所示。

表 5-2　庙会美食短视频拍摄方案

时间线	拍摄场景	切入话题
到达庙会现场	拍摄庙会入口	简要介绍庙会历史和故事
进入庙会	拍摄庙会人流涌动的游客	结合当下时代的发展和童年的庙会记忆,引出庙会美食
到达第一个传统庙会美食点	拍摄手艺人美食制作过程、现场排队翘首等待美食的人群、享受美食的表情,并做采访	介绍该传统美食的历史、制作工艺与传承,分享当下品尝美食与童年记忆中对该美食的体会
观看庙会表演	拍摄庙会传统艺人的表演和观看人群的热闹场面	分享一下边吃美食边看庙会表演的心情
到达第二个传统庙会美食点	拍摄手艺人美食制作过程、现场排队翘首等待美食的人群、享受美食的表情,并做采访	介绍该传统美食的历史、制作工艺与传承,分享当下品尝美食与童年记忆中对该美食的体会
到达第三个传统庙会美食点	内容同上	内容同上
返程	拍摄人群的背影和落日的空镜头	总结结尾

5.4
网络短视频文学脚本的创作技巧

网络短视频具有短平快的特性,需要在短则几十秒、长约几分钟的时间内表达完所有的内容,信息密度比较大。而且为了能够在最短的时间内吸引用户的注意力,还需要设计出新颖有趣的表现形式。因此,网络短视频在追求内容短平快的同时,还需要做到短精深。这样一来,对网络短视频文学脚本的创作也就提出了更高的要求。

本节主要从选题、标题设计及内容脚本创作这三个方面,来介绍网络短视频文学脚本的创作技巧。

一、创意选题,拒绝同质化

选题是文学脚本创作的第一步。对于网络短视频的内容生产者来说,如何选题成为摆在面前的第一个难题。选题决定了网络短视频内容生产的赛道和方向,不同的赛道所面对的竞争环境与运营方式各不相同。前期做好选题的创意设计与内容规划,不仅可以使内容产品在同质化现象日趋严重的行业市场中脱颖而出,而且可以源源不断地输出更多、更优质的精品内容,强化用户黏性,并吸引更多粉丝用户的关注。

1. 选题的基本原则

在进行内容选题的时候一定要掌握好以下几个基本原则。

1）用户导向原则

网络短视频的内容产品本质上是为了满足用户的需求，因此选题首先要坚持用户导向的原则，以贴近用户需求为前提，不能脱离用户群体的兴趣点。在选题时只有充分考虑用户的喜好和痛点，才可能创作出受用户认可的内容，进而使作品获得更高的触发率和播放量。

2）差异化原则

差异化原则也是网络短视频选题设计的基本要求。尤其是在网络短视频内容同质化现象明显的当下，如果选题没有差异就很容易造成与其他作品的雷同。只有创新的思路才能带来成功的出路，因此在进行选题策划时需要考虑如何实现与竞品对手的内容差异化，学会避开同类选题的常规性角度。这就要求内容生产者在长期的选题积累中寻求差异点，以不同的视角来进行选题的切入，从而强化作品的辨识度。

3）互动性原则

互动性原则就是要求在选题时一定要选择那些互动性强、能引发用户共鸣的话题。网络短视频内容生产的中心就是为了获取用户，有了用户才能有播放量，后期变现才能成为可能。没有共鸣的内容无法引起用户的兴趣，也很难有人愿意点击观看，更谈不上点赞和转发。只有用户对内容产生了共鸣，才能带来更多用户的互动行为，用户量不断增加才能使作品成为热点。因此，在选题时要充分考虑话题是否具有互动性。

4）热点关联原则

网络短视频的内容选题需要紧跟当下的热点话题，用热点话题作为选题可以使作品在短时间内获取非常高的关注度和流量，这是普通选题所无法达到的效果。但是由于热点话题具有较强的时效性，所以对内容生产的周期要求较高。

5）定位匹配原则

定位匹配原则指的是选题方向要与短视频产品的内容定位相匹配。内容生产者要明确自身优势，选择自己熟悉的垂类领域进行内容和选题的深耕，在垂直方向持续拓展，这也是自我定位的核心原则。只有这样才能更精准地吸引用户群体，提高用户的黏性和认同感，进而使内容产品具有更强的专业影响力和更高的 IP 可塑性。

6）价值导向原则

价值导向原则是指选题的内容输出要有价值，要能够触及用户的痛点，满足用户的本质需求。只有对用户有价值的内容产品，才能激发用户的点击欲望，进而引发点赞、评论、转发等用户自主传播行为，最终实现内容的裂变传播。

2. 选题的注意事项

网络短视频的内容选题除了要遵循以上基本原则以外，还需要考虑下列注意事项。

1）避免敏感词汇

每个短视频平台都会根据国家法律法规要求以及平台算法特点制定一些敏感内容的筛选机制，所有短视频作品在上传后需经过平台审核通过才能进行发布。一般的网络短视频内容都能够直接审核通过，但是如果内容选题涉及疑似敏感词汇或违规因素，就会影响内容的推荐，导致作品无法通过审核，甚至被平台封禁。因此，在策划内容选题时需要及时关注各平台的动态，了解国家相关的内容管理政策及平台发布的通知公告信息。如果不确定选题是否涉及敏感词汇，可以通过平台搜索的方式对选题进行敏感词汇的筛选，避免因涉及敏感内容而无法正常发布的情况出现。

2）避免盲目蹭热点

虽然热点事件的兴趣受众数量较多,在选题策划中通过热点关联的方式可以帮助内容产品在短时间内获得更多的流量,但是蹭热点所带来的竞争也非常激烈,围绕同一热点事件所生产的竞品内容数量可能非常多,反而更容易导致同质化内容的出现。另外,很多热点话题往往会涉及法律、道德、伦理等方面的问题,如果操作不当就很容易使自己陷入麻烦的漩涡,不但不会带来流量,甚至可能会导致内容被封禁的风险。

3）避免眼高手低

在选题策划时,需要充分考虑该选题在后续创作过程中的执行效果,并根据自己团队资源配置(如人力、物力、财力等)的综合因素来进行考量,评估自己或团队的创作能力是否能够支撑起选题后续的内容开发和生产、运营等工作。切忌眼高手低,避免产生不必要的制作资源和时间成本的浪费。

3. 建立选题库

由于网络短视频的内容生产是一个持续、长期的过程,内容生产者需要源源不断地输出优质选题,通过建立选题库的方式可以极大地保障内容生产的稳定性,形成高效的内容输出模式。

选题库的建立可以参考以下几个方面。

1）日常的灵感积累

网络短视频的内容生产是一个持续不间断的过程,这就需要创作者做一个有心人,善于从日常生活和身边小事中发现闪光点,汲取选题灵感,将有价值的信息提炼出来,纳入到选题库中。这是一个不断训练的过程,只有养成日积月累的习惯,才能厚积薄发,将时间的沉淀历练成灵光突现的创意。

2）博采众长,分析竞品选题

他山之石,可以攻玉。通过分析研究竞争对手的优质内容选题,借鉴他们的成功经验,可以拓展选题思维,获得更多的创意灵感和思路。通过不断收集、整理竞品对手的优秀选题,然后进行分析、整合、重组,总结规律,取长补短,假以时日也可以形成一个优质的选题库。

3）整理用户想法和建议,纳入选题库

互联网作为一个开放多元的内容和观点分享平台,既为网络短视频作品的发布提供了重要的舞台,也为内容生产者获取用户的反馈提供了便捷的渠道。如果想要吸引更多的流量,短视频内容创作者就必须要保证内容生产与用户需求的同步进化。可以借助数据分析的手段,通过关键词查找、账号用户数据分析和网站数据分析等方式,收集用户的评论、提问等有效信息,对其进行提炼和整理,并合理采纳其中的有效建议,将其纳入到选题库。因此,在大数据时代背景下,网络短视频的内容生产者要学会利用用户的"群体智慧"来丰富和拓展自己的选题思路。

二、文案标题设计

网络短视频文案的标题会对作品的播放量产生很大的影响,因为在用户浏览短视频页面的时候,标题往往是第一个映入他们眼帘的信息,标题的好坏直接决定了用户是否能够被吸引,并愿意点击视频进行观看。在这种情况下,标题就成为影响作品点击率的一个很重要的因素。而且很多用户在浏览短视频时有使用关键词进行搜索查找的习惯,一个好的标题也可以让内容产品更容易在检索中被用户所获取,增加被推荐和观看的概率。

对网络短视频文案的标题进行设计,不是为了成为"标题党",通过哗众取宠的方式骗取观众的流量,而是要通过了解网络短视频标题的作用、特点与创作方法,来摸索总结出一套既符合平台推荐机制又能吸引观众注意力,从而使内容产品快速获得更大点击量的规律方法。

1. 标题文案创作的基本原则

1)精准修辞

标题一定要能够把内容产品的核心要点通过精准的修辞高效地传递出来,让用户一目了然,在瞬间就能获取短视频作品想要传递的内容和主题。例如:"60秒搞懂魏晋南北朝""曹操的百年孤独"等。

2)合理夸张,拒绝"标题党"

在进行标题策划时,可以采用合理夸张的方法,以便更好地吸引用户的关注。但需要注意的是,标题的设计一切要以真实为原则,切忌为了博眼球而造成内容失真,成为"标题党"。这种做法不但不利于吸引用户,反而会引起受众的反感,导致失去用户信任,不利于长期持续的发展。

3)有共鸣,代入感强

标题设计的目的就是吸引用户的关注,所以在设计上应该贴近生活,抓住用户的痛点和喜好。只有让大家感同身受,才能引发强烈的共鸣和代入感。这样的标题既能吸引用户的停留,又能拉近与用户之间的情感距离,而且还会激发用户的分享欲望。

4)有创意,有趣味

创意有趣的标题更能吸引用户的注意力,有趣的创意因其与众不同的新鲜感会产生最大强度的心理突破效果,引发人们的强烈兴趣和关注,不但会吸引用户的点击量,也能够在受众脑海中留下深刻的印象,激发他们分享快乐的欲望,进而达到"引流涨粉"的目的。

5)字数适中,高效传播

标题的字数一定要适中,在信息传递短平快的时代,字数越多越不利于信息的高效传播。因此要用最少的篇幅完成核心内容的标识,标题文案的字数最好控制在10~20个字之间。而且由于各大短视频平台对界面内容排版的限制,如果标题超过一定的字数,就会被自动折叠甚至隐藏起来,无法得到完整的显示。所以为了更高效地传递信息,标题的篇幅越短越好。

2. 标题创作技巧

在了解了网络短视频文案标题的创作原则之后,就可以适当地利用一些技巧来创作出更具吸引力的标题文案,提高用户的点击量。

1)巧用平台推荐机制

了解各平台的推荐算法机制,能够更容易地获得平台的推荐机会。因为各平台在进行内容推荐时,相较于内容产品的视频图像信息来说,机器算法的推荐机制对于内容产品的图文信息解析的优先级别要更高,因此,平台在为用户进行内容推荐时,最有效的解析途径就是借助短视频的标题、标签、内容描述等信息,来进行用户数据的检索与匹配。短视频的内容生产者要学会借助标题来告诉平台算法,该把创作的短视频内容推荐给哪些用户群体,从而获得更多的播放量。

例如,可以在标题中明确用户的标签,通过加入用户信息关键词(职业、身份、年龄、性别等)的方式来提升内容与相关用户群体的匹配度,如"你和父母关系还好吗?"。在标题设计时也需要避免在标题中使用生僻字或者地域性用语,以免机器算法无法获取与识别。

2)巧用数字或数据

数字的视觉辨识度要远高于纯文字内容,并且记忆效果也更好。而且在视觉表现上,阿拉伯数字要比中文大写的数字更直观,如"1分钟带你赚200万"和"一分钟带你赚两百万"这两个标题的区别显而易见。

所以含有数字的标题既直观清晰又简洁明了,学会巧妙地在标题中使用数字或数据,可以更好地吸引用户的注意力。

3)巧用悬念,激发好奇心

悬念可以增强用户对内容的好奇心。在用户完全不知道短视频内容的情况下,在标题中适当地设置悬念,或者通过在标题中使用疑问或反问的手法,可以激发用户的观看欲望,使用户不由自主地想要打开短视频一探究竟。如:"看了还敢吃小笼包吗?""这个故事应该没有人能猜得到结局",等等。这种类型的标题能够引发用户的无限遐想,从而使用户在好奇心的驱使下点击观看。

需要注意的是,为了避免成为"标题党",这种技巧需要结合特定的作品类型,如故事类、悬疑类或者搞笑类短视频;并且要配合文案内容来设计包袱和反转,确保内容有一定的深度和看点,可以带给观众意想不到的惊喜,只有这样才能保证作品和标题在风格上的一致性。

4)巧用热门关键词

巧用热门关键词类似于在前面选题部分所提到的"蹭热点"的方法。由于热点话题一般都会有很高的关注度和流量,因此可以从短视频作品的内容中提取几个核心关键词,将其与当下各平台热门的话题关键词进行匹配,找到它们之间的共性或关联,选择与热门话题最为接近的关键词添加到标题中,以提高点击率。也可以将搜索的热门话题关键词作为作品标题的标签,不但能获得平台更多的流量推荐,也能够使作品在用户搜索或选择时被浏览的概率变得更高。

3. 标题文案的常用范式

上述几个标题创作的技巧主要是使标题具有吸引力,从而使短视频作品获得更多精准推荐的机会。下面再介绍几种短视频标题文案的常用范式。

1)互动式标题

互动式标题可以通过在标题中加入第二人称或者提问的方法,以增强代入感,激发用户的互动心理,从而提高短视频的点击量。

例如:"你应该了解的……""你相信……吗?""喜欢你就啵一个",等等。

2)段子式标题

段子式标题是指借鉴当下网络中比较热门的搞笑段子作为标题文案。因为段子贴近用户的生活,并且以幽默诙谐的形式传递普通人的生活智慧,会使用户产生亲切感。尤其是一些场景感较强的段子标题,能够带给用户感同身受的共鸣,让用户在看到标题的瞬间就陷入所编织的情境之中。

例如:"谐音梗""一首凉凉送给自己""笑出猪叫"等。

3)悬念式标题

悬念式标题是指通过在标题中制造悬念,从而带给用户丰富的想象空间,勾起用户的好奇心,延长用户在短视频页面的停留时间。

例如:"一定要看到最后""最后那个笑死我了,哈哈""最后一秒颠覆你的三观""万万没想到,神秘少女居然是……"等。

4)矛盾式标题

矛盾式标题是指在标题中使用前后矛盾、冲突的词汇,营造强烈的反差,激发用户的好奇心,从而想要打开短视频一探究竟。因为矛盾冲突是产生戏剧性效果的核心,标题越是矛盾,带给观众的冲突感也就越强,吸引力自然就越大。

例如:"这个保姆小学毕业,却月薪4万"等。

5）利益式标题

在标题中对短视频内容进行价值感塑造的描述，指出内容产品能带给用户哪些利益点。简洁明了，直击用户的痛点需求。

例如："1分钟搞定口语语法""美容学会这3招，让你回到18岁"等。

好的文案标题可以为短视频内容的推广起到锦上添花的作用，提高内容产品的点击率和完播率，进而引发评论、转发等传播行为，所以短视频内容生产者一定要重视文案标题的设计。

三、文案内容设计

1. 明确主题，确定文案内核

选题的确定标志着内容生产已经迈出了重要的一步，但这还只是第一步。如何能够更好地挖掘选题的深度，以更有创意的视角和形式进行内容的开发和设计，这都是摆在策划者面前需要思考的事情。因此，在正式进行内容策划前，需要首先解决主题的问题，以帮助策划者厘清创作的思路。

主题不是内容情节，也不是结构框架，而是短视频作品的中心思想，是内容的升华点。创作内容脚本的第一步，就是要明确该内容背后想要表达什么样的内涵深意，想要反映什么样的中心思想。作为内容的核心，只有主题明确，短视频作品才有内在的价值，内容产品才会彰显出强大的吸引力。

2. 确定"人设"

随着短视频行业进入存量竞争时代，要增强用户的识别度，使自己在众多同质化的内容产品中脱颖而出，除了有一个亮眼的标题以外，还需要打造一个属于自己的与众不同的"人设"。

"人设"即标签，"人设"定位就是通过放大自身的某种特质，在用户脑海中建立起一个人格化和具有差异性的鲜活独立形象，让用户可以对作品产生强烈的好感和认同，并产生深刻的记忆。例如papi酱的"人设"就是一个语速快、吐槽犀利、集美貌与才华于一身的女子，这个形象已经深深地烙在了观众的脑海中，成为她独特的标签。

同时，"人设"作为叙事表达的核心要素，也是讲好一个故事所必不可少的关键。因为一个好的故事，通常都是围绕人物展开的，所有的内容和线索都需要根据人物来进行设置。

而且一个好的"人设"，既可以为用户塑造一个有血有肉的鲜活形象，也可以借助运营的力量打造出一个内容有价值、人物有印象的IP品牌。尤其是在网络短视频IP化发展的趋势下，只有打造好自己的"人设"，才能使自己的内容产品更加准确快速地获取更多的用户和流量，进而在后续成功实现内容的变现。

想要打造一个成功的"人设"，需要注意以下几个方面。

1）分析定位，明确"人设"

网络短视频内容的"人设"一经形成，后续就不能随意改动。因此在确定"人设"之前，需要根据自己的定位进行内容方向的分析，明确自身的特点、发展方向、用户群体等属性，以此作为确定"人设"标签的重要依据。

俗话说，好看的皮囊千篇一律，有趣的灵魂万里挑一。"人设"就相当于短视频内容产品中那个有趣的灵魂，只有明确定位，深挖自己的特点，才能打造出独一无二的让人印象深刻的"人设"，进而建立一个可以长期运营的IP。

2）放大特征，重复深化

一个优秀的"人设"不能是完全虚构的，因为在确定"人设"后，就要做好变成这个"人设"的准备。只有结合自身真实的特征来深入挖掘，并适当放大某个核心特点，通过不断重复、深化表现塑造这个核心特征，才能在用户脑海中形成记忆点，最终成为属于你自己的标签。

3）一以贯之的人物形象

一个鲜明"人设"的形成，是创作者对内容生产进行整体规划和持续贯彻的结果。只有保持每期作品中的出镜人物身份固定、人物形象特征鲜明，并且表演风格一致，才能在长期的作品推送过程中使用户形成一种对人物的刻板印象，进而达到巩固"人设"形象并不断强化 IP 印象的效果。

以李子柒为例，"古风美食"是她系列作品的重要"人设"标签之一，在她每一期作品中，李子柒的人物造型都保持着传统古风装扮或者素净、淡雅的田园装束，为用户呈现出一幅日出而作、日落而息的田园牧歌的生活景象。

4）风格统一的情境设计

"人设"的打造不能只依靠人物自身的特征设定，所有人物的表现都需要借助场景空间和规定情境来完成。风格统一的情境和场景空间设计，可以使人物在每次出场时建立起具有延续性的视觉图景，帮助用户强化"人设"特征。

5）打造特色语言风格

人物形象和情境风格是在视觉上为用户建立起一个鲜明"人设"的画面标识，需要注意的是，语言风格在塑造"人设"方面也同样具有重要的作用。生活中我们经常可以闻声辨人，每个人都有属于自己独特的声音特色和语言风格，因此在打造"人设"时，也可以通过对语言的设计来强化"人设"的记忆点。

例如在人物语言设计上可以考虑是使用普通话还是方言，很多搞笑短视频都是利用方言的形式来增加喜剧效果；或者可以通过设计特殊的语速或发声方式，强化"人设"属性，如 papi 酱的"人设"形象就与快语速加变声效果的语言设定密不可分。

3. 设计文案内容

有了基本的主题和"人设"的方向，接下来需要做的就是设计文案的具体内容。网络短视频作品具有时长短、信息密度大、互动性强等特点，这也就决定了其文案内容的创作与传统长视频的文案有所不同。在进行网络短视频的文案内容创作时，需要把握以下几个方面。

1）内容构思要有创意

可以说创意是所有内容产品的核心竞争力之一，尤其是在网络短视频内容同质化现象越来越严重的当下，只有有创意的内容产品才能在最短的时间内抓住用户的注意力，并使用户持续观看下去，提高完播率。这就要求文案的内容构思要新鲜有趣，既要贴近生活，又要拒绝老调重弹、千篇一律。

2）结构紧凑，主题集中

由于网络短视频内容的输出效率和表现效果都极大地受到时间因素的制约，这就要求文案结构的设计一定要紧凑，主题表达要做到集中突出。

从内容表现效果上来说，文案的结构设计是决定能否留住用户持续观看的重要因素。要想在一个短则几十秒、长约几分钟的短视频作品中使用户始终保持注意力的集中，就需要在文案创作时每间隔 10～15 秒的时间就要设置一个反转或看点，通过紧凑巧妙的情节结构的设计，来保持用户的注意力。短小精悍的内容也可以使主题思想伴随着戏剧冲突的爆发而快速升华，简单明了，不拖泥带水。

从内容输出效率的角度来看，由于时长的制约，网络短视频文案的叙事内容不能娓娓道来。即使是剧情类的短视频作品的文案,也不需要遵循传统的"开端—发展—高潮—结局"的线性剧作模式来创作。故事线索的设计要尽量简化,情节分支尽量单一,戏剧冲突要做到短平快,可以适当省略不重要的剧情发展,着重于刻画矛盾冲突和高潮,从而提高叙事效率。

3)文案内容表达要有画面意识

网络短视频的文案写作不同于新闻文案或小说的创作,由于所有的文案内容最终需要被转化成影像,所以在进行网络短视频的文案创作时,要充分考虑其内容描述最终能否用镜头语言来进行表现。

因此,网络短视频的文案内容表达就一定要做到有画面感。文案写作的目的是用文字将创意构思的画面表述出来,让所有人可以通过文字的精准描述,在脑海中构建起影像的世界。这就要求文案创作时少用或尽量不用修饰性词语,多用具象化的语言去描述场景和事件,多用动词来刻画人物的行为,侧重于对人物动作和细节的描写,而对于一些抒情的修辞手法以及纯心理活动的描绘则要做到尽量少。

例如"他出离了愤怒,内心波涛汹涌,像一座随时都会爆发的火山",这些语言过于文学化和抽象化,无法用镜头表现出来。因此,在策划网络短视频的文案内容时要有画面意识,要时刻思考自己所创作的内容是否符合影像化表达的要求。

4)注重细节的设计

细节决定成败,对于短视频文学脚本的创作也是如此,创作出好的内容作品的重要途径之一就是要在细节处下功夫。如果说主题和结构是文案的框架,那细节的设计就是使这个框架变得生动鲜活的精髓部分。好的细节要具备真实、生动、巧妙的特质,既要符合生活逻辑,也要符合规定情境,能够鲜明而生动地塑造情节内容。这就要求创作者平时多观察生活、体验生活,善于从生活中发现细节设计的灵感。

5)巧妙设计"三白",辅助叙事表达

所谓"三白",指的是对白、旁白和独白。其中,旁白和独白也经常被统称为"画外音"。

在传统的影视创作中,非常注重画面的叙事功能,认为好的剧本文案应该用影像语言来叙事,"三白"越少越好,否则会导致观众像是在听广播剧,观看体验变得沉闷无聊。

然而网络短视频作品囿于时长的束缚,无法用太多的镜头数量进行内容的表达,导致在有限的时间内可能会讲不清楚故事,这时候就需要适当地设计"三白"来辅助叙事。

6)文案基本格式要规范

网络短视频的文学脚本虽然可以根据时长和类型的不同在篇幅上面灵活调整,但是基本内容格式要保持规范。除了单一场景的内容以外,如果叙事涉及多个场景,就需要按照分场的方式来撰写文学脚本。以"场"为单位,每一个场次要注明时间、地点,对应写出在该场景中所展开的具体内容。如果有人物对话,则应注明对话主体的名称,以及各自所说的内容。在文学脚本中可适当添加拍摄技巧的提示,但不需要标注镜号或景别变化等拍摄技巧,这是分镜头脚本的内容。

4. 文学脚本范例

《高墙》文学脚本

1.室外/超市门口　　日

盛夏傍晚,太阳还没落完,室外被暴晒一天的街道还是闷热,谢晋一个人坐在超市送货的阶梯上,烟雾缭绕,他眯着眼,透过缭绕的香烟看向远方,炙热的空气烧得他脑子什么也没想,看着昏昏欲睡。超市内探出一颗染着黄色头发的脑袋,脸上满是稚气。

黄毛:老谢,老谢,中午这批货你搬完了没? 你每天下午在外头坐着不嫌热啊?

谢晋没回头,慢悠悠地弹了弹手上的烟灰。

谢晋:搬好了,你替我给老板说一声就行。

黄毛脑袋缩了回去,脚步声走远了。

汗水从额头流下,落进脖子上搭的发黄汗巾里,屁股接触的地面都在隐隐发烫,谢晋深吸了一口烟,还是坐着没动。

谢晋背后是大大的广告牌,上面写着"红苹果超市",红苹果超市开在一个老旧的居民区里,往前再走一段路就是一个学校,大大小小的孩子每天都会路过超市门口,在这种小县城,离学校近,就意味着生意不会太差。

超市左边临着一条小街,挺干净的,右边是一家中餐馆,老板是一对老实憨厚的夫妻,生意做得实在,味道不错,价格也便宜,谢晋不想吃超市的饭菜时就会去那里换换口味。

谢晋抬手抽完最后一口烟,把烟头扔在脚边,踮起脚尖碾灭烟头,转过头看向街尾,就静静看着。

估计时间差不多了,相比于其他学生,他每天经过的时间都会晚一些,不知道他是想和其他同学回家的时间错开,还是刚放学就被困在了学校。

两三分钟后,几名身着校服的学生走过来,其中一个手上来回扔着一个书包。

谢晋看到这个书包叹了一口气,伸直腿,从裤兜里掏出一盒皱巴巴的苏烟,熟练地点上,吐出一口烟圈,心想看来今天那小孩儿也不好过。

书包看起来很旧了,当它被抛来抛去时,在空中变换着不同的形状,方的,斜的,每当书包在空中画抛物线时,一些书或笔就会掉出来。

不过今天那几个学生相比于平时算不错的,没动手。

那小孩儿默默地跟在后面,不时弯腰捡起掉下来的东西。

对于那几个一边抛他书包一边冲他起哄的人以及自己的书包,他一眼都没有看,好像这些人和东西根本不存在,就这么拿着满手的东西慢吞吞地走着,那几个人停下,他静静地站在旁边,眼神呆滞。

书包的东西不多,抛了没两分钟就空了,有一个过去对着他手里的东西一巴掌拍了过去,把东西都扫到了地上,然后一群人兴高采烈地踩在地上,继续往前走。

那小孩儿蹲下捡东西的时候,谢晋扔下手里还剩大半的烟,起身离开了。

2.室内/超市内　　日

谢晋走进超市,黄毛和超市老板在前台说话。

老板:老谢,你把中午的货上到货架没?

谢晋:没呢,这就去。

谢晋脚步不停,穿过货架,后面有个小门,里面是个小会客厅和库房,门口杂乱无序地堆放着好多纸箱子,中间只留下仅能一人行走的过道,两边摆放着一箱箱矿泉水和各种售卖的储备货物,水汽很重,把压在最底下的纸箱子都泡软烂了,发出一股陈旧潮湿的霉味。

谢晋从门后拿出小推车,先把堆在库房的陈旧货物运出来,一个个陈列,再把中午新进的货物放进库房,来来回回,陈列货品的时候闻见了饭菜的香味,谢晋加快速度,饭菜端上桌的时候,他紧赶慢赶正好收拾完。

……

5.5
网络短视频分镜头脚本的创作技巧

前面已经对分镜头脚本的基本构成做了简单的说明，下面重点来看一下分镜头脚本该如何创作。

在网络短视频文案的创作中，一般有两种分镜头脚本的创作模式：一种是根据文学脚本的内容来撰写分镜头脚本，这遵循了传统的影视制作的创作模式，由导演来精心研读文学脚本，并根据对剧情内容的理解，运用蒙太奇思维将文学脚本的内容转化成一个个可供拍摄的镜头；另一种创作模式则是针对那些时长短、内容紧凑、表现形式较为简单、作品更新频率较高的网络短视频作品的生产，为了提高制作效率，可能会略过文学脚本的创作，而是直接以分镜头脚本的形式来进行内容的呈现。

无论是哪一种创作模式，分镜头脚本的基本创作要求和格式规范都是相同的，通常包含镜号、景别、拍摄技巧、拍摄内容、声音效果、转场技巧、时长及备注等信息，并对各个场景拍摄的时间、地点、所使用的道具及器材等做出相应的标注。根据不同作品的内容和类型特点，分镜头脚本的具体构成元素也可以灵活地调整。

可以说，在三种脚本类型中，分镜头脚本在网络短视频创作中是最常用也是最实用的一种脚本类型，这与分镜头脚本自身所具有的重要作用是密不可分的。

1. 分镜头脚本的作用

1）构建影像蓝图，预览影像效果

分镜头脚本可以将文学脚本中的文字内容转化成影视语言。虽然分镜头脚本也是用文字的形式来进行内容的描述，但是它并不是对文学脚本进行的简单翻译或复述，而是通过视听语言的规范，将分场的文字段落转换成一个个具体的镜头，并赋予这些画面以生动的可视化效果，构建起一个完整的影像蓝图，从而使创作者可以在开拍之前"预览"作品的画面内容。因此，分镜头脚本的质量往往体现了一个导演影像创作水平的高低，也事关作品最终呈现的效果品质。

2）指导拍摄过程，提高拍摄效率

网络短视频的分镜头脚本作为拍摄过程中的蓝本，是所有工作人员与参演人员的行动依据。要在拍摄过程中让所有人都能够理解导演的创作意图，在紧张忙碌的工作流程中不出现遗漏镜头的情况，并能保证所有前期策划过程中对内容的设计与构思都被完整地落实下来，就需要用分镜头脚本来进行创作的指导。有了分镜头脚本的保障，网络短视频的拍摄才可以有条不紊地向着预期的方向推进。

3）指导后期编辑，保障成片效果

分镜头脚本之所以实用，是因为它不但可以在拍摄过程中为制作人员提供明晰的拍摄思路与方向，同时对于后期的编辑制作也有重要的指导作用，是完整贯穿网络短视频创作前、中、后期全过程的重要创作依据。后期剪辑时要在众多的素材中挑选出合适的镜头，并保证成片的内容结构与导演在前期的构思保持一致，就需要后期制作人员按照分镜头脚本中所标注的镜号来梳理镜头组接的顺序，从而保障网络短视频成片效果的前后如一。

4）把控成片时长，评估经费预算

由于网络短视频作品的时长有限，内容表达需要比一般的影视作品更加紧凑。所以，在创作过程中如

何保证最终拍摄的成片时长不超出预期的设定,使作品的内容传达既能保证完整信息量的输出,又能实现叙事效果的感染力,最终打动观众;如何预估拍摄过程中可能会产生的成本支出,降低不必要的额外开支,以便更高效节约地完成创作任务,就成了主创在拍摄过程中需要面对的两大难题。

分镜头脚本不但可以把控、指导创作的全过程,同时也可以有效地把控成片时长,因为分镜头脚本是根据预设的成片总时长和叙事节奏来设计单个镜头时间的,可以有效地保障叙事时间和叙事效率。而且在分镜头脚本中,需要对参与拍摄的人员、场景、道具以及所要使用的器材进行相应的标注,通过明确以上信息,可以预估拍摄周期和相应的经费开支,帮助创作者提前评估经费预算。

2. 分镜头脚本的创作要求

正如前面所提到的,因为分镜头脚本中需要明确视听语言的手法,所以其格式有一定的要求。创作分镜头脚本时,需要注意以下内容。

1)镜号

镜号,也就是组成最终成片内容结构的镜头顺序的编号。根据文学脚本中内容的发展过程,以阿拉伯数字的形式按照先后顺序来标注镜号。

需要注意的是,在拍摄过程中并不一定要按照镜号的顺序进行拍摄。但是在后期剪辑时,就必须根据镜号的次序来进行镜头的组接,以保证叙事结构和内容的完整性。

2)景别

景别在分镜头脚本中是最重要的一个内容,其他要素往往可以根据具体情况的要求而适当地省略,但是只有景别是不能够略过的。可以说,景别是分镜头脚本的"标配"。

景别之所以如此重要,是因为它是将抽象的文字语言转化成具象的视觉形象的重要手段。无论文学脚本中对一个场景或内容的描述多么精准,都只能在读者的脑海中形成一种抽象的、没有边界的想象,但是影像在拍摄的时候,需要在由画框所围成的有限的镜头空间中进行内容表达,如何将无限的想象空间转化成有限的画框空间,进而可以被镜头摄录进去,这就需要景别来进行规范。

简单来说,可以把景别理解为拍摄对象在画框中比例的大小,并通过这种主体大小的不同来形成视觉上远近距离的变化。大致可以将景别分为远景、全景、中景、近景和特写这五种常规类型,每一种景别在表现不同的情境和主体时有不同的作用。关于景别的具体运用会在下一章中进行讲解。

3)拍摄手法

拍摄手法也叫作镜头的运镜手法,是通过对镜头运动方式的设计来实现文学脚本中的特定情境的复现。例如当观众在观看一些紧张激烈的追逐画面时,虽然屏幕的位置和观看的位置都没有动,但是观众却依然能够感觉到身临其境的运动感和刺激感,这主要是拍摄时镜头的运动方式所产生的观看的视觉和心理感受造成的。所以,在分镜头脚本中根据文学脚本的规定情境设计适当的拍摄手法,可以使作品的表现更加生动鲜活。

4)拍摄内容

分镜头脚本是将文学脚本中所描述的纯文字性的内容做了镜头化的拆分,因此在每个镜头中都需要注明该镜头所要拍摄的具体文案内容,以便明确拍摄任务。

5)音响音效

因为网络短视频作品是用视听元素进行内容表现的艺术形式,所以除了镜头要素的影像化设计以外,还需要根据文案中所描述的情境效果来设计声音效果,以便起到渲染气氛、表现情绪、推动情节发展和主题表达的作用。例如想要表现一个人紧张压抑的情绪,可以在分镜头脚本的声音设计中将环境音设定为静音,音效只有人物咚咚的心跳声或急促的喘息声,从而营造出紧张压抑的气氛。音响音效的设计可以根据情境的不同来进行具体的表现。

6)时长

在分镜头脚本中需要对每个镜头所需要的时间长度做明确的标识,以便拍摄和剪辑的时候能够对应到镜头的重点内容,保证叙事的节奏性。

一般分镜头设计中的时长都是以秒为单位,如果想要提高叙事效率,可以通过缩短单位镜头时长、增加镜头数量的方式,以实现在同等片长内获得更多的镜头量。以一分钟时长的短视频作品为例,如单个镜头时长为 5 秒钟,那么在 1 分钟的时间内,叙事总镜头量就只有 12 个;但是如果单个镜头时长设定为 2～3 秒钟,那么在对应的叙事时间内,镜头数量就可以增加到 20～30 个,其叙事的信息量和效果也会更好。所以镜头时长的设计可以帮创作者实现更高效的内容表达。

7)备注

分镜头脚本中一般会在最后一栏设定备注栏,以方便导演或场记记录一些拍摄要求,如外景地点、镜头拍摄的注意事项、重点处理手法等信息,都可以写在这一栏。

以上就是分镜头脚本常规格式的构成要素,在具体的创作中往往会有诸多灵活的调整,在形式上也可以采用表格式或者文字式这两种类型。无论是哪种形态,都是为了帮助导演做到心中有数,把控全局。

3. 分镜头脚本范例

分镜头脚本范例如图 5-2 所示。

《无言的爱》分镜头剧本

镜号	景别	拍摄角度	镜头移动	内容	镜头时长	音效音乐	备注
				第一场			
1	中景	背面平拍	手持	林江在厨房里忙碌的背影,厨房大锅里的蒸笼冒着热气,旁边的案板上放着做包子的馅料和一些面粉。	5	鸡打鸣和汽车行驶的声音,林江拿东西的碰撞声	
2	特写	侧面平拍	固定镜头	林江脸部特写。	2	汽车行驶的声音,林江拿东西的碰撞声	
3	特写	侧面俯拍	固定镜头	林江一手拿着漏斗,一手在灌豆浆,旁边的盆子里已经装了半盆灌好的豆浆。	3		
				第二场			
4	特写	侧面俯拍	固定镜头	林江端了装有包子、鸡蛋的盘子和一碗热腾腾的豆浆放到桌上,用锅盖盖好豆浆。	2	碗接触桌面碰撞声	
5	近景	正面平拍	固定镜头	林江打开纱罩。	3		
6	特写	侧面俯拍	固定镜头	林江打开纱罩盖上早点,转身去敲林溪的房门。	2		
				第三场			
7	特写	俯拍	固定镜头	房间内窗帘紧闭,林溪在熟睡。	2		
8	全景	侧俯拍	固定镜头	林溪翻身。	2	敲门声和林江的叫喊声	
9	特写	俯拍	固定镜头	林溪用手臂挡耳朵。	2	敲门声和林江的叫喊声	
10	中景	正面平拍	固定镜头	林溪掀开被子翻身坐起,翻了个白眼,皱着眉头望向门的方向。	5	林溪的叹气声,掀被子的声音和床的响动	
				第四场			
11	中景	侧面平拍	固定镜头	林江穿好鞋后,端上放在凳子上的满满一盆豆浆出门了。	2	开门声	
12	特写	正面平拍	推	门关上,门上挂着的挂历摇晃了两下,4 月 19 日用红笔圈出来,旁边画着一个很丑的蛋糕形状的图案。	4	关门声	
				第五场			

图 5-2　网络短视频分镜头脚本范例

Wangluo Duanshipin Chuangzuo

第6章

网络短视频的拍摄与制作

　　一部优秀的网络短视频作品,除了要有扎实的文案脚本以外,还需要依靠高质量的拍摄技巧和后期制作来完成内容的呈现。网络短视频本身作为一种声画结合的表现形式,影像性是其内容表达的核心语言,文案脚本只是网络短视频创作的第一步,将文字内容视觉化,才是网络短视频作品的最终形态。

　　虽然网络短视频的拍摄与制作并不要求达到电影级别的水准,但是一个内容精良的好作品的呈现,也不是随便信手拈来就能实现的,更不是简单的纸上谈兵。对于网络短视频创作者来说,必须要掌握一定的网络短视频拍摄技巧和后期制作的方法,才能创作出视觉效果精良、艺术表现力高超的网络短视频作品。

　　本章就针对网络短视频的实践创作进行分解,内容覆盖拍摄前的准备工作、实拍技巧和后期制作的方法,全方位地解构网络短视频拍摄与制作的全流程。

6.1
拍摄前的准备工作：选择合适的拍摄器材

　　俗话说:"工欲善其事,必先利其器。"拍摄器材对于影像的画质和视觉效果具有决定作性用,尤其是随着社会的发展,各种拍摄器材类型越来越多,技术含量也越来越高。因此,对于网络短视频创作者来说,选择一个适合自己的拍摄器材,是创作出优质网络短视频作品、提高用户观赏体验的重要技术保障。

一、拍摄器材的基本类型

　　虽然当前各种拍摄器材种类繁多,用途也各不相同,但是根据功能特征,可以把常见的网络短视频拍摄器材分为以下几种类型。

1. 智能手机

　　虽然智能手机经常因为其通信工具的身份被专业人士认为不适合进行视频的创作,但是随着近年来各大短视频平台的崛起和智能手机功能的不断完善,越来越多的人喜欢用手机来进行网络短视频的创作。智能手机不但平台接入方便,可以轻松上传和分享作品,更重要的是拍摄功能也非常强大,所获得的视频效果甚至可以与数码相机一较高下。

　　用智能手机进行网络短视频拍摄的优点非常明显:

　　1)画质水平较高

　　目前大多数的智能手机,无论是前置还是后置摄像头的画面质素表现都非常出众,有效像素能达到2000万～4000万,视频录制的分辨率表现方面可以达到720p以上的水平,甚至有些品牌机的画质可以达到4K级别的效果(见图6-1)。

　　帧速率方面,很多智能手机也可以轻松达到60 fps,动态影像表现更加流畅细腻,为升格镜头的拍摄提供了重要的技术支持,即使与数码相机相比也毫不逊色。

　　2)辅助功能强大

　　随着手机智能化程度的不断提升,手机视频拍摄的辅助功能也越来越强大,无论是数码变焦还是机身防抖效果都非常出色。很多智能手机的光学镜头可以达到10倍光学变焦、30～50倍数码变焦的水平,最大

图 6-1 智能手机的影像基本参数信息

光圈可以达到 f1.8,配合手机的机身防抖功能,大大减轻了在拍摄视频过程中因为手抖而造成的视频模糊的问题,应用场景非常广泛。

3)操作方便

智能手机与其他的拍摄器材之间最大的不同就在于功能操作的简单方便。由于手机摄像功能的自动化程度非常高,所以用户在使用时几乎不需要进行手动设置,就可以轻松获得想要的画面效果。甚至很多品牌手机就自带短视频制作的功能,并内置各种贴纸、滤镜和剪辑工具,这也大大降低了短视频拍摄的门槛(见图 6-2)。

图 6-2 智能手机内置的各种视频效果

虽然智能手机在视频拍摄功能的表现上有如此多的优点,但是与专业的视频拍摄设备相比,尤其是在处理一些复杂场景的动态影像时还是有很明显的短板。例如手机的感光性能较弱,在一些低照度的环境下,拍摄的影像画质表现较差。另外,虽然手机视频拍摄的自动化程度较高,但是在对应某些特定拍摄环境下需要进行手动参数设置时,能够提供的功能选项较少。

因此,创作者需要根据自己作品内容的特点和拍摄环境等综合因素来考量,智能手机是否能够满足自己短视频作品的拍摄要求。

2. 数码相机

当前市面上的数码照相机种类繁多,根据传感器尺寸的不同可以划分为全画幅相机和非全画幅相机,根据便携性和大小的不同也可以分为单反(即单镜头反光式取景照相机,见图6-3)和微单(即微型单电相机,见图6-4)两种不同的类型。

图 6-3　单反相机　　　　　　　　　图 6-4　微单相机

数码相机因其视频拍摄功能的专业性和画质的高质素性,获得了大量专业及非专业视频创作者的青睐。无论是网络短视频的创作,还是传统长视频的拍摄,数码相机的应用场景非常广泛。与智能手机相比,数码相机有自己得天独厚的优势。

1)内置功能丰富

数码相机可以根据拍摄环境和拍摄对象的特点,通过手动设置的方式调整各项拍摄参数,如白平衡、感光度、光圈、快门速度、曝光补偿参数、测光方式等(见图6-5),以满足不同拍摄场景的需求。

图 6-5　数码相机的各项参数信息

2)配套装备强大

数码相机与智能手机在使用时最大的不同就在于,数码相机的功能可以在不同的配套装备的搭配组合下获得丰富的画面效果。

镜头作为数码相机中最重要的配件,相当于相机的眼睛(见图6-6)。所有的画面都需要借助镜头来进行成像,不同类型和参数的镜头,直接决定了画面的成像质量和艺术效果。虽然智能手机的镜头也可以实现高倍数的变焦,但是由于手机的体积本身较小,这就导致了其镜头的光学变焦范围极度有限。为了弥补光学变焦的不足,很多智能手机都配备了高倍数的数码变焦功能,然而手机的数码变焦功能本质上是通过放大裁切画面并配合 AI 计算,来实现多倍数的变焦效果的,因此画质会明显受损。与智能手机不同,数码相机的镜头是利用一系列的光学透镜的组合来实现成像的,镜头的变焦并不会影响成像画质,所以用数码相机拍摄的画面的成像效果会更好。

3)成像质量更优越

数码设备的成像原理都是要借助电子感光元件(CMOS,见图6-7)来实现,成像质量的高低与电子感光

图 6-6　各种类型的镜头

元件尺寸的大小有着直接的关系。感光元件的尺寸越大,影像的成像质量就越高。

　　智能手机和数码相机本质的差距就体现在感光元件的大小方面。以全画幅相机为例,由于 CMOS 的尺寸相当于早期 135 相机 35 mm 胶片的大小,其影像分辨率非常高,因此成为专业影像创作的主流机型。相应地,CMOS 的尺寸越大,价格也就越高。全画幅相机的价格普遍在一万元左右,非全画幅相机则较为便宜。而智能手机由于体积和功能的限制,CMOS 的尺寸往往只有小拇指的指甲盖大小,成像质量与全画幅相机不可同日而语(见图 6-8)。

图 6-7　电子感光元件(CMOS)

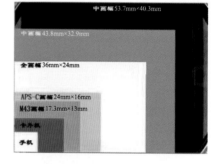

图 6-8　不同画幅比例的差异

　　另外,CMOS 的大小也会影响到成像的宽容度,即画面明暗细节的保留程度。数码相机能够记录的画面宽容度更高,画面细节的过渡更为自然,层次更丰富细腻。而智能手机的画面宽容度则更窄,这也就是用手机拍摄光感较暗的环境时,影像效果较差的原因。

　　对于网络短视频创作者来说,数码相机与智能手机相比,成本因素是最大的缺点。手机是一个几乎人人都有的设备,但数码相机却并不是所有人都有的。除了相机本身,其他相关附件,如镜头、三脚架、内存卡、稳定器等也都需要进行相应的配备,这样才可以让数码相机在视频拍摄过程中发挥出应有的功效。

3. 数字摄像机

　　数字摄像机的种类也非常多,可以分为:电影级摄像机(包括高清数字电影摄像机)、业务级数字摄像机(包括专业级摄像机和普通家用级摄像机等)、非传统类型拍摄器材(包括极限运动数字摄像机等),如图 6-9 所示。

　　数字摄像机与前面两种拍摄器材相比,其专业性更强,操作流程也更复杂,因此需要使用者有较强的专业素养及设备使用的经验,以便能够更好地发挥设备优越的性能。而且数字摄像机对于配件的要求较高,例如三脚架、监视器、斯坦尼康等。但是从专业影像创作的角度,摄像机几乎可以满足短视频拍摄的所有要求。

4. 辅助设备

　　网络短视频的拍摄,是一个多种设备系统配合的过程,摄像师可以借助各种辅助设备与器材更好地完

图 6-9　各种型号的数字摄影器材

成拍摄任务。有了辅助设备的加持,即使是一部普通的智能手机都可以达到电影级别的效果。例如苹果公司每年都会推出一部由专业导演用最新款 iPhone 手机拍摄的视频短片,观众在看到这些短片的时候都不禁惊叹于苹果手机所呈现出来的精致的画面效果,但是如果拍摄团队没有辅助设备的帮助,再好的导演和摄像师也无法用手机拍摄出如此高质量的画面(见图 6-10)。

图 6-10　配置了各种辅助设备后的手机

因此,在拍摄前还需要配置必要的辅助器材和设备,从而使拍摄设备发挥出更好的性能,创作出更优质的短视频作品。常用的拍摄辅助设备主要包括以下几种。

1)话筒

虽然很多拍摄器材都会自带内置收音装置,但是录音的效果往往差强人意。尤其是在拍摄现场环境较为嘈杂的情况下,很难依靠内置话筒获得较好的人声效果。这时,就需要借助外置话筒来解决收音难、音质差的问题(见图 6-11)。

2)照明设备

照明设备可以帮助提高拍摄场景的亮度,从而使拍摄的对象获得正确的曝光效果,保证画质。尤其是在阴天、夜晚及室内时,需要借助照明设备来进行场景的拍摄。

常规的照明设备有使用蓄电池的摄像灯或 LED 新闻灯、使用交流电或配电车的聚光灯等各种灯光器材(见图 6-12)。

图 6-11　收音设备

图 6-12　照明设备

3)脚架与云台

　　脚架主要用于固定拍摄器材,以保证所拍摄画面的稳定和清晰。虽然很多拍摄设备都已经具备光学防抖或机身防抖的功能,但是在进行一些长焦距、微距等效果的拍摄时,即使是细微的手部抖动都会在画面中被放大,从而影响画面效果的呈现。在拍摄某些特定运动镜头(如摇镜头)时,使用脚架进行拍摄的辅助,可以获得较为流畅匀速的运动效果。需要注意的是,在使用脚架拍摄时应注意校准其水平面,以保证拍摄画面的地平线不会倾斜。

　　云台作为脚架上的一个特殊活动装置,实现了与脚架之间的严丝合缝,同时也方便拍摄设备的快速装卸,从而保证设备在脚架上运动自如。

　　各种类型的脚架与云台如图 6-13 所示。

图 6-13　各种类型的脚架(左)与云台(右)

4)外置监视器

由于很多拍摄器材本身的屏幕较小,在拍摄过程中可能无法准确地监控画面内容,通过装配外置监视器(见图6-14)的方法,可以实现在拍摄过程中实时监控画面效果,也可以通过重放回看,来帮助拍摄者检查素材。

另外,很多专业监视器的图像显示效果优异,除了监控拍摄的画面内容以外,还可以监控拍摄镜头的画面色彩信息是否准确,为后期校色打下重要基础。

图6-14 外置监视器

5)稳定器

稳定器(见图6-15)可以在运动画面的拍摄中起到画面增稳的作用,消除运动对画面所产生的抖动效果,使动态影像效果更加平稳流畅,而且稳定器还可以使拍摄者在持机的时候更省力、更方便。如果网络短视频拍摄中有较多的运动镜头,那么最好还是要配置一个稳定器,以保障拍摄的画面效果。

图6-15 稳定设备

6)其他器材

除了以上辅助器材以外,还可以根据拍摄的内容要求选择以下设备:车载吸盘稳定器、航拍器、防水/潜水罩、滤镜等(见图6-16)。

图6-16 其他辅助设备

二、如何选择拍摄器材

通过以上内容的介绍,可以看到网络短视频拍摄所使用的器材类型多样,而且不同设备的功能特点也各不相同。因此,在选择设备时,应着重从以下两个方面来进行考虑。

1. 根据团队模式和拍摄预算进行选择

在进行拍摄设备的选择时,要根据自己的团队配置和资金预算的情况,来选配合适的拍摄器材。

由于专业化的网络短视频创作团队大多是以机构或 MCN 模式进行运作,业务架构较稳定,能够占据一定的市场资源,在资金预算方面相对比较充足,因此一般都会以数码相机或数字摄像机作为常规拍摄器材,并且辅助设备的配置也会比较齐全。

相较于专业化的团队,标准化团队的运作更接近于工作室的模式,由具备一定专业素养的内容创业者或相关从业者组成,拍摄器材多以数码相机为主。为了保证拍摄效率,一般应该有两台或以上的摄影器材配合使用。需要注意的是,为了避免拍摄的画面存在光线和色彩的差别,要尽量保证所使用的数码相机属于同一品牌系列。在辅助设备的选择方面,基本的脚架、灯光照明器材和录音设备是必不可少的,同时根据团队的资金情况,可适当考虑稳定器的配置。

对于简易团队来说,大多以网络短视频爱好者或初期创作团队为主,预算资金较有限,可以选择智能手机作为拍摄器材。正如前面所介绍的,大多数品牌手机的画面效果都非常不错,而且制作上传方便,可以满足基本的短视频拍摄、剪辑及发布的要求。

2. 根据网络短视频作品的类型和创作要求进行选择

虽然资金预算和团队模式在设备选择时都是需要考虑的因素,但是网络短视频创作的核心毕竟是内容的生产和输出,因此在选择拍摄器材时,也需要将作品的内容类型作为考虑的重要因素。

1)叙事类网络短视频作品

该类型的网络短视频作品一般故事性较强,以情景短剧、迷你剧等作品为代表。

叙事型的网络短视频作品比较注重画面效果的呈现,并且由于该类型作品中包含的叙事场景较多,同时为了更好地实现叙事效果,往往需要对内容进行分镜头化的表现,因此对拍摄设备的成像质量、待机时长、镜头等都有较高的要求。

如果要创作叙事型的网络短视频作品,建议以数码相机作为首选,如有条件可以使用数字摄影机。虽然智能手机的成像效果也不错,操作简便,但是因为其拍摄功能和应用场景较有限,因此很难完全达到该类作品的要求。而数码相机的成像质量更好,专业性更强,可以根据不同的故事需要和拍摄场景的变化来调整拍摄参数,以获取更优质的影像。更重要的是,数码相机可以更换不同类型的镜头,以满足不同机位、景别和剧情的需要,创作出更丰富的画面效果。另外,数码相机拍摄的素材导入方便,可以即拍即剪。

该类型的作品通常会包含一定数量的人物对白,因此在拍摄器材以外还需要考虑外置收音设备的配备,以获取更高音质效果的人声和环境音。同时为了保证在长时间拍摄过程中镜头画面的稳定性,也需要借助脚架或稳定器来固定设备,进而可以达到固定镜头更平稳、运动镜头更流畅的画面效果。

2)创意剪辑类网络短视频作品

该类型的网络短视频作品往往侧重于精良美观的画面效果的视觉呈现,以美食类、广告营销类及创意类等作品为代表。

创意剪辑类的网络短视频作品追求极致的视觉刺激,无论是色彩的呈现、构图的设计还是光影的层次,都要做到尽善尽美。这不但对拍摄器材提出了非常高的要求,同时也需要各类辅助设备的共同协作,才能获得生动优美的镜头画面。因此在拍摄器材方面,还是应该优先以数码相机或数字摄像机等专业设备为主,可以根据具体要求选择合适的镜头,以获得画质清晰、形象突出的画面效果。

该类型的网络短视频作品对画面的影调和色调也有一定的要求,所以相应的辅助器材也必不可少。虽然在拍摄过程中,可以利用自然光(如日光)或场景中的人工光源来实现基本照明,但是有时为了追求更优质的画面效果,需要使用灯光照明设备来进行现场补光或布光。好的光线效果可以使整个作品锦上添花,不但能够调整控制画面的明暗反差和层次,还能营造独特的影调气氛。创意型的网络短视频作品中往往还少不了动感镜头的拍摄,相较于完全静态的镜头,运动的画面更能吸引观众的视觉注意力,并能够为整个画面增添生气和趣味,所以稳定器就成了拍摄运动镜头时首选的辅助工具。

3)街头采访及搞笑类网络短视频作品

该类型的网络短视频作品主要强调现场性和表演效果,并不刻意追求画面是否美观或有质感,所以创作时对于拍摄器材和辅助设备的要求并不高,一般的智能手机就可以满足创作需求。

该类作品由于强调时效性,因此也不需要复杂的后期制作或二次加工,追求即拍即传。创作者可以直接使用手机的短视频功能完成所有内容的创作与发布,具有较强的自制性。

总而言之,网络短视频创作者在选择拍摄器材和辅助设备时,一定要从自己的实际情况和创作需求出发,选择适合自己的设备,只有这样才能为接下来的拍摄创作做好技术准备。

6.2
确定画面呈现形式

目前,网络短视频内容的视觉呈现,主要可以分为两种形式:竖屏模式和横屏模式。

以抖音和快手为代表的短视频平台的异军突起,不但改变了网络视频竞争的格局,同样也改变了网络视频内容的呈现形式。传统以横屏为主的网络视频在智能手机时代也纷纷转向了竖屏的形式,就连以爱奇艺、腾讯等为代表的传统视频网站也纷纷推出了竖屏短视频作品,在一定程度上也就预示着当前网络短视频领域的发展趋势。

无论是横屏模式还是竖屏模式,都有着各自的优缺点和适用范围。虽然在日常生活中,人们已经越来越习惯于观看竖屏的网络短视频作品,但是与横屏模式相比,竖屏模式的缺点和优点一样明显。二者其实各有特色,互为补充。那么在进行网络短视频创作时,这两种模式究竟该如何进行选择呢?

1. 横屏模式

传统的视频模式,无论是长视频还是短视频,其内容呈现的基本形式都是以横屏为主。无论是电视荧屏还是电脑屏幕乃至于电影院银幕等,都是横屏模式的画幅。常见的横屏画面的宽高比有 4∶3、16∶9 和 2.35∶1 这三种横幅模式,如图 6-17 所示。

4：3画幅　　　　　　　　　16：9画幅　　　　　　　　　2.35：1画幅

图 6-17　三种画幅模式的比较

传统的观点认为,横屏画幅是展示视频内容的最好方式。主要原因是,横屏模式从视觉效果上来看,更符合人眼观察事物的视觉习惯。一方面,人的双眼所形成的视角更宽而不是更高,视野范围是横向的,而横幅构图可以带给观众符合双眼视觉感受的画面效果;另一方面,在日常生活中,人眼的视觉习惯往往是先扫视大环境,再将目光聚焦于某个细节之上,横幅画面的空间布局在横向间距中就代表了空间,而纵向间距则代表了细节。

除了符合人眼视觉习惯以外,横屏画面还有一个明显的优点:可以展示更大范围的画面内容。横屏画面的创造力更强,更利于画面视觉元素的构图设计,并能驾驭所有的景别类型。而且横屏画面可以呈现出更多、更丰富的镜头信息,视野更开阔,在大屏幕观看时可以获得良好的观影体验,这一点是竖屏视频所无法企及的。另外,横屏画面对剧情和空间的要求没有那么多限制,因此传统的影视作品基本上都是采用横屏构图的方式来进行内容的表达。

然而,横屏模式以上的优点在移动互联网和智能手机时代却无法发挥出应有的效果,甚至成了制约内容表现的短板。横屏画面模式与智能手机等移动设备的适配性较差,手机的媒介特点和使用习惯都是以竖向为主,在观看横屏视频时,用户就需要将手机横过来才能更清楚地看到完整的画面,否则会丢失三分之二的屏幕画面。而来回切换的过程,既麻烦又影响观看的体验,这也就为竖屏视频的出现提供了重要的契机。

2. 竖屏模式

随着智能手机成为人们日常生活获取信息的主要工具,尤其是近年来各类移动应用及短视频 App 的快速崛起,竖屏短视频成为视频内容创作的潮流。竖屏模式的画面比例与横屏模式相反,常见的短视频竖屏画面宽高比为 9：16 或 3：4 等比例。

移动互联网和智能手机时代的内容产品具有天生的竖屏基因,网络短视频自然也不例外。手机使用习惯的形成使用户更加偏向于竖屏的观看方式,抖音的数据显示,竖屏短视频的视觉注意力比横屏要高 2 倍,点击率高 1.44 倍,互动率(点赞、评论)高 41%。这也就增加了竖屏视频存在的必要性。

竖屏视频的优点在于符合人们使用手机的观看习惯,因为在大多数情况下手机都是竖向使用的状态。采用竖屏形式的视频作品,在观看时不需要旋转手机屏幕就可以实现画面的满屏显示(见图 6-18)。以抖音为例,9：16 的竖屏画幅比例是抖音短视频应用的标准模式,画面内容刚好可以与手机屏幕大小相匹配,方便观看。

竖屏画面的构图更便于突出拍摄主体的视觉效果。竖屏视频所呈现的人物在画面中占据的比例会更大,多以特写、近景、中景等小景别为主,这样的优点在于可以使观众看清楚画面的内容,减轻因手机屏幕较小而带来的视觉负担,不但有利于聚焦观众的视觉兴趣点,也更适合内容的推广,拉近与观众之间的

图 6-18　张艺谋团队的竖屏美学系列作品

距离。

竖屏视频的缺点在于由于画框范围较窄,画面缺乏广度感和深度感,主体容易对画面景深处的视觉要素形成遮挡,无法满足多人同时出镜的拍摄需求。竖幅构图对剧情和场景的要求也比较高,构图难度相对较大,画面内容的视觉呈现要紧凑,并且对出镜对象的面部表情和肢体动作的设计要求较高。

3. 画框模式选择的注意事项

以上分析和比较了竖屏画面与横屏画面各自的优缺点,需要注意的是,画框形式的创新是为了更好地服务于内容的表达。作为网络短视频的创作者,如何选择适合于自己内容产品的画框形式,具体可以从以下几个方面来进行思考。

1)用户使用习惯

网络短视频作品是采用横屏还是竖屏,首先要立足于自己的用户群体定位,根据用户群体的使用习惯和使用场景的不同,来确定网络短视频作品的画框模式。

如果用户的使用载体主要以 PC 端为主,那么内容产品的创作就可以考虑选择以 16∶9 或 2.35∶1 的横屏形式来进行展示;如果内容产品在移动端的引流效果更好,则可以考虑采用竖屏模式,以满足用户移动端的使用需求。

2)发布平台特点

除了对用户使用习惯的分析以外,网络短视频画框模式的选择还应该考虑发布平台的特点。因为不同的平台对网络短视频内容的要求有所差别,要根据不同的平台特点和属性,来选择合适的画框形式。

如果内容产品是以抖音和快手等作为发布的主要平台,那么毋庸置疑,竖屏模式肯定是内容表现形式的首选。因为抖音和快手这类社交型短视频平台本身就具有天生的竖屏基因,无论是从平台的操作方式还是观看模式方面,都是以竖屏为主。而以腾讯视频和爱奇艺等为代表的综合型平台,其内容针对性较强,内容的发布和用户的浏览习惯的自主性较强,所以在该类平台发布作品则可以考虑选择横屏模式。

3)内容题材特点

一切形式最终都要服务于内容。网络短视频作品采用何种画框形式,从根本上来说,是由内容产品的特点所决定的。不同的题材对于画框形式的要求各不相同,要根据网络短视频作品内容的特点来选择适合的画框形式。

如剧情类的网络短视频作品更注重画面的叙事技巧,横屏模式可以更好地塑造丰富的视觉空间和戏剧要素;街头题材的网络短视频作品追求在场感,竖屏模式可以满足短平快的传播需求。如果网络短视频内容更强调对于场景感和视觉效果的营造,那么就可以考虑选择横屏模式;如果内容更侧重于细节和局部,就可以考虑选择竖屏模式。

6.3
网络短视频的构图设计

画面作为网络短视频信息传递的重要载体,其画面效果是否具有视觉美,成为衡量一个网络短视频作品制作水平的最直接的表现。想要获得富有美感的画面,吸引用户的注意力,除了拍摄的对象本身要具有美感以外,还需要运用构图的原则来设计画面的布局,从而使镜头中各视觉元素按照审美的规律来组合摆放,最终为观众呈现出富有视觉审美效果的画面。

一、构图的作用

构图是指创作者为了表达某一主题思想、追求影像美感,通过对镜头画框内的拍摄对象进行取舍和结构布局,从而使画面中所有的视觉元素可以有序地组成一个统一的、富有美感的整体。

虽然每个镜头的拍摄对象千差万别,每个人的创作理念和对画面的处理方式也各不相同,但是构图的美学原则却是有章可循的,掌握这些规律可以为影像创作提供可靠的审美保障。

二、构图结构的基本要素

虽然呈现在镜头中的内容对象是丰富多样的,似乎难以进行统合,但是如果将画面中的这些视觉元素,按照它们各自的作用和被观众视觉重视的程度来进行划分的话,则可以将所有的构图对象分为主体、陪体和环境这三种重要的结构要素。

1. 主体

主体作为表达画面内容的主要对象,是画面中的视觉中心。根据内容的具体要求,主体可以是人,也可以是物;主体的数量可以只有一个,也可以有多个。如果一个画面中没有主体,内容就无法表达,画面也就没有了重点。

2. 陪体

陪体是画面中的次要表达对象,在画面中起到陪衬主体的作用。一方面,陪体可以帮助主体更好地表现画面的内容和主题思想;另一方面,陪体在构图中也起到均衡、美化画面,渲染气氛等重要作用。

3. 环境

环境是指在画面中主体周围的各种景或物(包括人物)的统称。环境是构成画面内容的重要组成部分,既可以起到衬托主体、表现主体所处空间的作用,又可以渲染气氛、增强画面的艺术感染力。

根据环境对象在画面中与主体前后位置的不同,又可以将其分为前景和背景。

1)前景

前景是环境的组成部分,是指位于主体前面靠近镜头的所有景物。有时根据内容表达的需要,也会直接将主体处理成前景。前景在构图中有非常重要的作用,可以起到美化画面、均衡构图、渲染气氛、营造空间深度等效果,是构图设计中常用的技巧(见图 6-19 和图 6-20)。

图 6-19　主体作为前景

图 6-20　陪体作为前景

2)背景

背景是指画面中位于主体后方的所有景物对象的统称。任何主体都必然处在一定空间环境之中,因此背景除了衬托主体以外,还有辅助表现主题、营造气氛及交代环境、增加画面深度、平衡和美化画面等重要作用。一个画面中可以没有前景,但是绝不会没有背景。从这个角度来说,背景比前景更重要。

三、网络短视频构图的基本要求

1. 画面简洁

构图本身就是一个不断做减法的过程,需要对众多的拍摄素材进行取舍,并有意识地对画面元素进行组合、搭配。很多创作者往往贪大求全,什么都想拍,结果导致画面内容混乱,或者单个画面中的内容太多,使受众在视觉上陷入信息过载的疲惫感。

由于网络短视频片长具有时限性、影像具有流动性的特点,这就决定了网络短视频画面的构图必须简洁,画面的内容要少而精。只有这样,才能让受众在最短的时间内完整地阅读画面中所有的信息。

2. 主体突出

正如上面所提到的,网络短视频的时限性导致每个画面在观众眼前停留的时间非常短暂,因此在构图时一定要确保主体突出,使观众能够一眼就捕捉到画面的中心,从而实现内容信息的有效传递。

突出主体的方法非常多,可以通过将主体安排在画面的视觉或结构中心的位置来强化主体,或者利用动作设计、视线指引、面部朝向、形象大小和对比突出等方式来强化观众对主体的视觉注意力。

3. 视觉流畅性

网络短视频作品往往是借助一系列具有承接性和连续性的镜头关系的组接,来实现对画面内容和主题的表达,这也是网络短视频构图和图片摄影构图之间最大的不同之处。在网络短视频中,每个镜头都不是孤立存在的,而是镜头段落中的一个环节。因此,网络短视频画面的构图还需要考虑镜头组接后的视觉流畅性。

四、常用的构图技巧

1. 九宫格构图法

九宫格构图法也称为井字构图,属于黄金分割式构图的一种形式,就是把画面平均分成九块,线条交汇所形成的中心点,就是画面的趣味中心,拍摄时将主体放置在中心点上进行构图处理(见图6-21)。这种构图能呈现出具有动感和变化效果的视觉感受,画面表现富有活力。

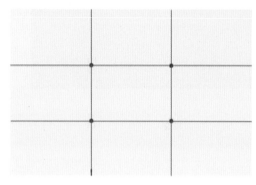

图 6-21　九宫格构图法

当前各种类型的拍摄器材都有九宫格的参考线,可以辅助使用者进行构图处理。

2. 三分构图法

三分构图法同样也是黄金分割式构图的一种衍生,在创作中也经常会被使用到,采用三分构图法拍摄画面的例子可谓不胜枚举。

简单来说,三分构图法就是将画面横向或纵向平分为三等份,在拍摄时将主体或主体边缘放置在三分线之上的一种构图方式(见图6-22)。即使在拍摄时将画面主体放在偏离三分线的位置,也不会显得太突兀。三分构图法不但可以突出主体,还能使画面具有均衡变化的协调感。

图 6-22　三分构图法

3. 中心构图法

中心构图法就是将主体放置在画面的中心位置(见图6-23)。由于人眼看东西的视觉习惯,使人们在观看画面时眼睛往往会首先聚焦在画面的中心点,所以中心构图法可以起到突出主体、平衡视觉的效果。

但需要注意的是,中心构图法要求画面要素尽量简洁,同时也要求拍摄对象在视觉造型上有一定的形

图 6-23　中心构图法

式美。如果不恰当使用会造成画面呆板、缺少变化的问题。

4. 对称式构图法

对称式构图法是一种视觉图表式的构图方法,通过将主体放置在画面的横向或纵向中轴线的位置上,获得一种稳定、和谐、完整、庄重的视觉效果。这种构图方法不仅具有稳定、平衡的特点,而且有强烈的仪式感,多用于拍摄建筑等具有较强形式感的对象(见图 6-24)。

图 6-24　对称式构图法

这种构图法的缺点与中心构图法一样,如果处理不当往往会使画面显得过于平稳,甚至呆板。

5. 垂直线构图法

垂直线构图法要求拍摄对象的造型在视觉上呈现出来的纵向线条要多于横向线条,利用拍摄对象的垂直线条造型与画面左右边框进行平行排列,赋予画面挺拔、有力的视觉张力(见图 6-25)。

图 6-25　垂直线构图法

6. 对角线构图法

对角线构图法是指将主体沿着画框对角线的方向进行排列(见图6-26)。这种构图可以使画面产生一定的运动效果,表现出较强的纵深透视感。

图6-26 对角线构图法

对角线构图法运用的关键,是对出现在画面中的倾斜线条的把握。在设计对角线构图时,除了那些具有明显的斜线造型效果的拍摄对象外,还可以将人的眼睛视觉感应的斜线或光线等视觉抽象的线条进行构图处理。

但是需要注意的是,不能因为追求画面的对角线就刻意地将画面的地平线拍斜,这样会造成视觉上的悖逆感,不符合画面造型和视觉观赏的要求。

7. 留白式构图法

留白式构图法也叫作"空白式"构图。构图中的空白借用了中国画中"留白"的概念,是指画面中空闲无物的区域。留白作为一种简约式构图手法,能够使画面变得更加简洁,让主体在视觉表现上更加突出,给人留下丰富的想象空间,并能创造出一定的画面意境效果(见图6-27)。

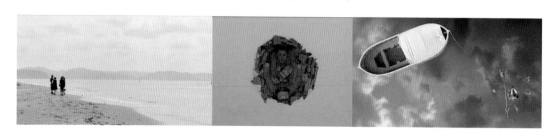

图6-27 留白式构图法

8. 框架式构图法

框架式构图法是指,在拍摄时把画面中的主体或需要强调的部分放置在由特定前景围成的框架之内的构图方法(见图6-28)。框架式构图不但在视觉上可以起到突出主体、丰富画面空间层次以及增加明暗对比的重要作用,而且在叙事上可以作为特定的隐喻和象征的重要手法,辅助主题的表达。

组成框架的视觉要素有很多,可以利用任何靠近镜头的物体对象来作为前景的设计元素,如门、窗、涵洞或树枝等。

图 6-28　框架式构图法

9. S 形构图法

S 形构图法是利用画面中视觉对象的曲线造型效果,呈现出一种特定的视觉美感(见图 6-29)。这种构图借由曲线线条弯曲、伸展的变化,可以带给观众意趣无穷的视觉体验,进而赋予画面一种宁静、深远,如诗一般的意境美效果。

图 6-29　S 形构图法

在画面中形成 S 形的视觉要素一般有两种:一种是画面中视觉主体的轮廓线本身就呈现为 S 造型的视觉形态,例如女性曼妙的身姿等,展现造型的曲线美;另一种则是在画面结构的纵深关系中所形成的 S 形的伸展,它在视觉顺序上对观众的视线产生由近及远的引导,诱使观众按 S 形顺序,深入到画面的意境中去。

这种形式在网络短视频拍摄中的运用,更多的是用在画面的背景布局和空镜头的拍摄中。

6.4
网络短视频的景别设计

景别,作为将网络短视频脚本内容影像化的一种基本表达手法,贯穿了网络短视频创作全过程。无论是前期的分镜头脚本设计、中期拍摄的镜头创作还是后期剪辑的镜头组合,都能看到"景别"的影子。下面就来了解一下到底什么是景别,以及景别为什么在网络短视频视觉表达中具有如此重要的地位。

一、景别的定义与作用

景别是指画面中被拍摄主体比例的大小,或者是指被拍摄主体占据画面比例的大小。

不同的景别所产生的视点、视野和视距的效果也各不相同。因此,网络短视频作品中景别设计的首要

原则,就是还原现实生活中人们用眼睛看东西的正常视觉习惯,即让观众看清楚画面中的内容,并产生距离和空间感。

另外,从影像创作的角度来看,创作者可以通过不同景别的设计来组织和结构画面的主体,实现画面的造型意图,进而制约和引导观众的视线与注意力,决定观众所观看的内容和方式,形成特定的影像风格,并完成作品内容的表达。

从观看体验的效果来看,正是因为不同景别的表现,才使网络短视频的画面有了丰富的视觉和造型效果,为观众营造出特定的观赏节奏和情绪,并创造出不同的心理效果,从而获得愉悦的观赏体验。

二、景别的分类及注意事项

常规的景别划分主要有五种基本类型,即远景、全景、中景、近景和特写(见图 6-30)。

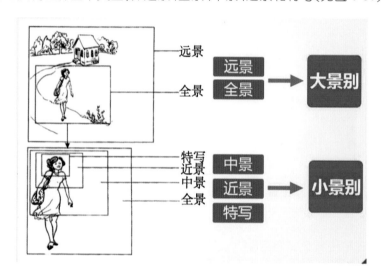

图 6-30　景别的分类

1.远景

远景是指被拍摄主体在画面中只占据很小比例的景别。在远景画面中,大部分内容为景物环境,而主要被摄主体处于画面远处或深处。如果对远景进行细分的话,又可以分为大远景和极远景两种,这两种远景效果视野都非常开阔,画面容量大,视觉信息丰富,具有很强的视觉冲击力。

远景画面中的内容表达主要是以景物为主,不注重人物主体的细节表现。所以在画面造型上,远景具有"造势"和"写意"的效果,以抒情和表意为主,一般不具有推动情节发展和叙事的作用。

由于网络短视频的播放介质多为手机或平板电脑等屏幕较小的移动终端,远景的画面表现效果在小屏上会有所限制和损失,因此在网络短视频创作中,远景的使用较为克制,数量不宜过多。

远景运用的注意事项:

(1)远景画面的构图尽量简洁,表意的目的性要突出,并且要处理好地平线在画面中的位置。

(2)拍摄远景画面时,镜头的时间长度要足够充分,以便观众能够领会画面的意境空间,因此远景画面要尽量以固定镜头为主,即使是运动镜头,也需要注意摄像机的运动速度不宜太快。

(3)为了突出画面的空间层次和透视效果,远景镜头的光线设计多采用逆光或侧逆光进行造型(见图 6-31),并注意处理画面深处景物的规模和范围,巧用线条透视和明暗影调的变化,避免画面单调之味。

图 6-31　采用侧逆光或逆光强化远景镜头中的空间层次

2. 全景

全景是主要用来展现被拍摄主体或环境全貌的景别。它所包含的景物范围要比远景更小。与远景相比,全景画面中有明显的视觉中心和结构主体,不但主体明确,而且背景清晰,因此全景也经常被作为一种介绍性的景别来使用。

全景在一组镜头关系中,还起到某种"定位"的作用。由于全景画面中可以展现出完整场景里面的人物关系和形体动作,能够为同一场景中的分镜头剪辑提供一个总视角,从而使观众得以清楚地判断人物或环境的实际空间方位,因此,在网络短视频的创作中,全景镜头是必不可少的"定位性镜头"(见图 6-32)。

图 6-32　全景

全景运用的注意事项:

(1)拍摄全景画面时,需要确保画面中主体的形象明确突出。由于全景画面中视觉造型元素比较丰富,既包含主体,也包含一定的景物范围,因此在拍摄时需要注意各造型元素之间的关系,切忌内容杂乱、喧宾夺主。

(2)在不同场景的拍摄过程中,应先确定全景机位,为拍摄确立总角度,并优先拍摄全景画面镜头,以保障后期制作的基本剪辑素材。

(3)全景画面中要确保主体形象的完整性。无论主体是人物还是景物,构图时都需要在主体周围留有适当的空间,既要避免因构图过满造成视觉堵塞,又要防止主体太小、画面松散,影响构图的美观。

(4)拍摄全景画面时,可适当地设计使用一定的前景要素来美化、平衡全景的构图,也可以达到丰富画面空间层次、加强纵深感的效果。

3. 中景

中景是指展现人物脚踝或膝盖以上部分的景别。

与全景相比,中景在画面造型中既重视画面内具体的动作线、关系线和互动线的表达,使画面内容丰富

而不致过细;又能够在展现一定的环境氛围的同时,排除画面中不必要的背景元素。因此,在网络短视频创作中,中景是一种比较适中的景别(见图6-33)。

图6-33　中景

中景运用的注意事项:

(1)在拍摄中景画面时,必须保证画面中的叙事元素和视觉对象明确。一定要选取拍摄对象中那些具有表现力的表情和动作进行展示,从而使镜头具有丰富的视觉张力。

(2)在处理中景画面的构图时,要始终将情节的中心点处理在画面的结构中心位置。尤其是在一些动态构图中,人物或镜头的运动会造成情节中心点在画面位置上的变化,因此画面的构图也需要随之变化。

4. 近景

近景是展示人物胸部以上形象或物体局部内容的景别。

在近景画面中,环境和背景已经基本被排除在画框以外,画面内容更加简洁,吸引观众视线的往往是在画面中占据主导地位的人物面部神态及表情。因此,近景是刻画人物性格和表现人物情绪最有力的景别,也被称为"肖像景别"。

由于近景画面中主体被直接推向了观众的面前,拉近了被拍摄对象与观众之间的视觉距离和心理距离,因此可以使观众与画面主体之间产生强烈的交流感。

在网络短视频创作时,为了能够在较小的屏幕上为观众营造出更加密切的互动交流效果,吸引观众进入特定的观赏情境中,常常采用近景的画面设计,从而使观众获得一种视觉上的满足(见图6-34)。

图6-34　近景

近景运用的注意事项:

(1)由于近景在网络短视频创作中使用较多,因此一定要注意近景画面的内容要达到"近取其神""近取其质"的效果。在拍摄近景画面时,要注意画面细节的把控,保证每个视觉要素都做到精致、生动、耐看。近景画面中的视觉主体尽量单一,背景人物应做到简洁有序。在拍摄过程中可以多拍一些近景的画面,以便后期制作时有充足的素材可以挑选。

（2）近景画面由于景深较小，画面内容趋于单一，因此对镜头聚焦的要求尤为严格，焦点应该准确地聚焦于主体之上。尤其在动态构图中，必须时刻保证对焦点的准确，避免出现因运动产生画面虚焦或跑焦的问题。

（3）近景画面中的环境空间被淡化并推向背景，环境感较弱，空间透视不明显，背景居于绝对的陪体地位，因此在背景设计时应力求简洁、色调统一，避免在背景中出现分散视觉注意力的要素，以确保主体的视觉中心地位。

5. 特写

特写是指画面的下边框在人物肩部以上或者表现物体局部细节的景别。

特写画面中的视觉内容单一，环境的作用已经被完全排除，通常用来描绘主体最有价值的细节，以揭示事物的本质。因此，特写画面更加注重对画面细节和质感的视觉呈现，在表现主体质感、形态、颜色、细节等方面具有重要的作用（见图6-35）。

图 6-35　特写

特写运用的注意事项：

（1）特写画面的构图一定要饱满，尽可能剔除画面中一切多余的视觉元素。特写的创作技巧就是要选择合适的拍摄对象，并放大其有价值的细节。因此，在构图设计时，对主体形象在画面中的处理要做到"宁大不小"，主体周围的空间范围要做到"宁小不空"，画面构图紧凑，视觉中心突出。

（2）由于特写画面追求极致的细节和质感效果，所以要严格控制镜头的光圈和曝光量，避免因曝光不足影响主体的质感和色彩的视觉呈现。

（3）特写镜头一般不适合作为叙事性镜头使用，因此在处理一些复杂的场景或空间关系时，要注意不应孤立地使用特写镜头，需要以其他景别的画面为特写镜头做好视角与叙事空间的铺垫，避免观众出现空间混乱感。

（4）拍摄人物头部的特写时，需要注意镜头的上下边框位置的选择，避免从人物的发际线、眉毛、鼻底线和下巴进行构图，以防出现因画框对头部不恰当的截取影响视觉造型效果。

6.5
网络短视频的拍摄角度设计

在网络短视频画面创作的过程中，拍摄角度的设计具有非常重要的意义。正如苏轼在《题西林壁》中所写："横看成岭侧成峰，远近高低各不同。"拍摄角度可以为观众提供一个观看的视角，不同的拍摄角度所带来的观赏体验也是完全不同的。尤其是对于以小屏作为内容播放介质的网络短视频作品而言,要让受众在观看画面时能够做到全情投入,完全沉浸在影像中,拍摄角度的设计与选择就显得至关重要。

一、拍摄角度

拍摄角度又称为画面角度或镜头角度,是指镜头与拍摄主体之间所形成的方向关系和高度关系。一个网络短视频作品中的拍摄角度往往是流动的,不同拍摄角度的变化会造成画面中主体形象特征和内容意境的改变。而创作者对不同拍摄角度的选择,通常也代表着其对作品内容的看法。

二、拍摄角度的分类

1. 几何角度

根据镜头与拍摄主体之间的水平方向和高度方向的关系,可以将网络短视频的拍摄角度分为水平角度(见图 6-36)和垂直角度(见图 6-37)两种类型,通常也会将这两种角度并称为几何角度。

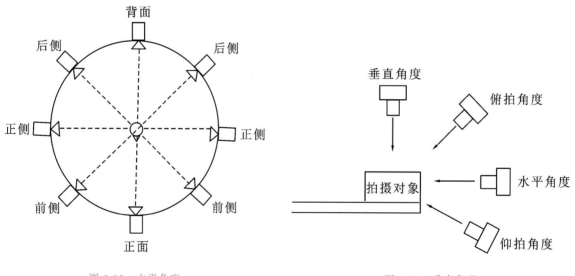

图 6-36　水平角度　　　　　　　　　　图 6-37　垂直角度

在水平方向上,根据镜头和拍摄对象之间形成的拍摄方向的变化,可以把拍摄角度分为正面角度、侧面角度(正侧)、前侧角度、反拍角度(后侧)和背面角度等几种基本角度。

在垂直方向上,根据拍摄高度的变化,又可以将拍摄角度分为水平角度、俯拍角度、仰拍角度和垂直角度等。

2. 心理角度

拍摄角度不仅仅包括镜头的几何角度,同时还可以模拟受众在内容观看时的心理角度。根据不同的心理视角的呈现,又可以将心理角度划分为客观性角度和主观性角度两种类型。

三、几何角度

1. 水平角度

1)正面角度

正面角度是指镜头处于被拍摄对象正前方的角度。正面角度最能体现被拍摄对象的主要外部特征,可以把被拍摄对象正面的全貌一览无余地呈现在观众面前。正面角度可以模拟人们在现实生活中面对面交流的场景,能够带给观众很强的交流感(见图 6-38)。

图 6-38　正面角度

2)侧面角度

侧面角度也叫正侧角度,是指镜头位于被拍摄对象的正侧方向,与其视线方向成 90 度夹角的拍摄角度(见图 6-39)。侧面角度表现力较强,可以用来表现主体的侧面特征,勾画被拍摄主体的侧面轮廓形状。例如我国民间的皮影戏艺术造型,就是通过侧面角度的造型来表现丰富的戏剧情节的。

图 6-39　侧面角度

3)背面角度

背面角度是指镜头位于被拍摄对象背后的角度。在背面角度中,拍摄主体的视线方向与观众的视线方向一致,因而可以带给观众较强的参与感(见图 6-40)。而且背面角度可以通过在画面中呈现主体背影的方式,微妙含蓄地传达人物的内心世界,引发观众的联想与思考。但是由于背面角度所包含的信息有限,因此是一种较少使用的角度。

图 6-40　背面角度

4）前侧角度

前侧角度是指镜头位于被拍摄主体前侧方的拍摄角度,镜头光轴一般与主体视线方向成 45 度左右的夹角。其方位介于正面角度和侧面角度之间,兼有这两种角度之长。由于前侧角度本身具有一定的透视视角,因此可以很好地表现画面的空间纵深感和物体的立体感。前侧角度在拍摄人物时,也是一种非常常用的角度,它不但可以勾勒出人物富有立体感的面部形态特征,也可以通过角度的调整来隐藏人物面部在正面拍摄时所呈现出的某些缺陷,达到美化对象的目的(见图 6-41)。

图 6-41　前侧角度

5）反拍角度

反拍角度也叫后侧角度,是指镜头位于被拍摄主体侧后方的拍摄角度,也被称为"反打镜头",常用于两人对话的拍摄,可以很好地交代位置空间和人物关系(见图 6-42)。

图 6-42　反拍角度

2. 垂直角度

1)水平角度

水平角度也叫平拍、平摄,是指镜头与被拍摄对象处在同一视平线高度进行拍摄的角度。水平角度拍摄的画面所获得的视觉效果及视点高度,与人们日常生活中平视事物的视觉习惯很相似,常用来表现人物之间的交流以及主体的内心活动,是网络短视频画面创作中最为常用的一种拍摄角度。

2)俯拍角度

俯拍角度是指镜头高于被拍摄对象视平线高度进行拍摄的角度(见图 6-43)。这种角度所呈现出来的画面视角,与人们日常生活中俯视的视觉习惯较为接近,因此所拍摄的画面中常常带有一定的情绪色彩。如过大的俯拍角度会削弱被拍摄对象的气势,产生压抑的视觉感受,或者使观众在视觉上产生一种居高临下的优越感等。

图 6-43　俯拍角度

另外,由于俯拍角度中画面内地平线明显升高,甚至被挤出画框外,所以如果用俯拍角度配合大景别拍摄环境或大场景,不但可以呈现画面的层次感和纵深感,还能带给观众以辽阔宽广的视觉效果。

3)仰拍角度

仰拍角度是指镜头低于被拍摄对象视平线高度的拍摄角度(见图 6-44)。仰拍角度所呈现的画面内,地平线明显下降,前景在视觉上得到突出,因此不但可以起到突出画面主体的作用,还可以使被拍摄对象的高度在视觉上得到一定程度的夸大效果。

图 6-44　仰拍角度

用仰拍角度拍摄的画面在感情色彩上往往带有一种舒展、自由、开阔和崇高的感觉,在空镜头或大景别镜头的拍摄时,使用仰拍角度可以起到渲染气氛、增强画面视觉效果的作用。

4）垂直角度

垂直角度是指镜头近似于与地面垂直，从被拍摄对象的顶部自上而下进行拍摄的角度。由于这种角度改变了人们正常观察事物时的视觉习惯，从而使观众获得了某种奇特的视觉感受，因此也被用来模拟上帝视角，造成审视或凝望的视觉效果，从而表达创作者的某种思想和理念。垂直角度还可以用来表现和突出地面图案的造型特点，从而使画面呈现出视觉上的形式美（见图 6-45）。

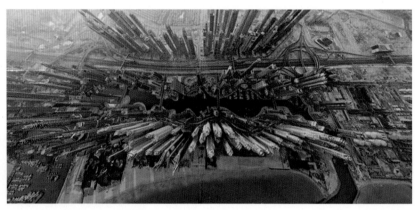

图 6-45　垂直角度

3. 几何角度运用的注意事项

1）角度的选择要合理

在网络短视频的创作过程中，拍摄角度的选择在大部分情况下首先要符合观众的观看习惯。其次，在面对不同高度的拍摄对象时，镜头的高度也应该与之相匹配，拍摄者切忌习惯性地根据自己的身高持机拍摄。

2）对场景段落进行整体考虑

创作者需要根据网络短视频作品的整体风格和内容要求，从一个场景乃至整部作品的总体视觉效果出发，来设计使用不同的拍摄角度。

3）特殊视角的使用要注意适度

在网络短视频创作中，有时为了追求特定的戏剧效果，需要对人物进行拍摄角度的特殊化处理，如使用广角镜头拍摄俯拍或仰拍镜头，从而在视觉上达到明显的风格化和概念化表达的倾向。但需要注意的是，这种特殊视角的镜头运用数量不宜过多，即使是追求夸张效果，也需要把握好画面的形式美和视觉美。

四、心理角度

之所以把网络短视频画面的拍摄角度从心理角度的层面上再加以区分，主要是针对那些叙事类的网络短视频作品的创作。

叙事就是决定观众通过谁的视角，以什么样的顺序经历故事，其本身就需要有一定视角的设定和情境的代入。而观众看到的所有画面其实都是由摄像机的镜头所呈现和记录的，为了避免观众在观看时出现因视角不明确而产生对情节理解的混乱，创作者就需要在拍摄时设定好每个镜头的心理角度，从而让观众可以正确地按照创作者的意图来理解和欣赏影像作品。

1. 客观性角度

客观性角度也称作客观镜头,是指客观展现人物活动和情节发展的叙事镜头。这类视角所拍摄的画面代表的是观众眼睛看到的内容,镜头模拟观众的视角以一个旁观者的身份观察事件的发展,全程并不参与或干涉事件的进程。

客观镜头作为最基础、最主要的叙事视角,在影像叙事中起着主导性的作用,因此在数量上也是占据绝大多数的镜头。客观镜头的拍摄一般应力求平静而无主观痕迹的表现,防止怪诞的摄像角度。

2. 主观性角度

主观性角度也被称为主观镜头,是代表特殊视点或剧中人视角的镜头。与"冷静"的客观性角度相比,主观镜头的代入感和情绪色彩要更加强烈。主观镜头往往模拟的是剧中人物的视角,直接"目击"活生生的其他人、事、物的发展,从而使观众产生与剧中人物相似的主观感受,具有较强的亲历性和体验性。因此,主观性角度也是网络短视频创作者将观众直接引入剧中人物情绪的有力手段之一。但需要注意的是,主观镜头的使用数量不宜过多,否则影响叙事的整体呈现。

6.6
网络短视频的运镜技巧

网络短视频的影像创作不同于绘画或者图片摄影,它是一个动态展示的过程。镜头作为网络短视频内容表达的最基本的影像单位,其魅力就在于能够展示事物发展变化的动态过程。它不仅仅只是在视觉上静态地呈现,更重要的是可以通过自身过程化的记录,实现生动的传情达意的叙事表述。很多网络短视频创作者往往忽略了镜头的这种动态流动的叙事特点,从而导致拍摄的画面只是记录了事物的状态,而没有达到叙事的生动效果,这种镜头与单幅静止的图片并没有本质的区别。

无论是构图、景别还是拍摄角度,都是从镜头内部进行各要素的组织,进而实现影像视觉美的呈现,具有一定静态的属性特点。但是如果要达到一个影像叙事和表意的生动效果,就必须要发挥镜头时间性和流动性的特点,展现和记录事物的发展变化过程。因此,可以这样说,动态流动性才是镜头叙事表现的根本特性。

根据镜头自身运动状态的不同,网络短视频的运镜拍摄技巧可以分为固定镜头和运动镜头两种(见图6-46)。另外,根据画面主体的构成特点,还有空镜头。

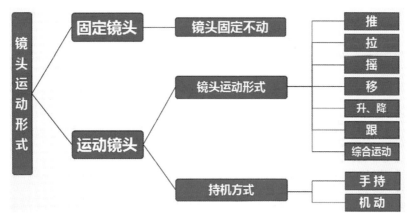

图 6-46　运镜的基本技巧

一、固定镜头

固定镜头也叫作固定画面,是指摄像机在保持机位不动、镜头轴线不动、焦距固定(不推不拉)的状态下进行拍摄的运镜形式。固定镜头并不同于纯静态的图片摄影,它只是排除了镜头的运动因素,在视觉上呈现为画框的静止;但是由于影像画面具有时间上的流动性,能够表现事物的运动过程,所以画面的内容依然可以是动态的。

1. 固定镜头的特点

1)以静制动的视觉特点

固定镜头作为一种影像表现的技巧,在拍摄时通过消除画面外部运动的方式,起到隐藏摄像机的作用,使观众在观看时忘记镜头的存在,进而为观众营造一个相对集中的观看状态和比较明确的观看对象。尤其是对于小屏播放的网络短视频来说,固定镜头中相对静止的画框可以为观众提供一个稳定的视点,既符合人们平时观察事物的视觉习惯,满足观众的视觉要求,又能够突出主体,使画面中的重要影像信息鲜明地传达给观众。

如李子柒的短视频作品中就大量采用固定镜头的拍摄手法,用简单的固定镜头,使观众在平静流淌的画面中感受远离市井喧嚣的田园生活。固定镜头就在这种视觉的"静止"中,赋予了画面一种以静制动的艺术感染力。

2)绘画美的造型特点

固定镜头这种视点稳定的特性,不但可以使观众在观看时引发一种趋静的心理反应,也使镜头在画面造型上具有了绘画美的特征,从而为网络短视频创作者提供了强化主体形象、表现意境空间、创造静穆氛围等丰富多样的表意手段。

2. 固定镜头运用的注意事项

1)注意画面内部动态要素的设计

虽然固定镜头追求以静制动的视觉效果,但并不意味着要完全消除运动。动态影像与静帧图片之间最大的区别,就在于对画面内部元素运动性的呈现。让画面"动起来",做到静中有动、动静相宜,才能使固定镜头展现其应有的影像魅力。

例如在李子柒的短视频作品中,虽然画面采用了固定镜头的手法,在视觉造型和光影效果的呈现上都具有绘画般静态的美感,但是真正打动受众的是这些画面中对于田园牧歌式生活的生动呈现。即使是展现月上枝头的空镜头,画面前景中微微摇曳的花束和在花头飞舞的彩蝶,都为这幅引人入胜的乡村图景平添了动人的一笔。

2)注意画面深度空间的设计

镜头的运动本身可以在视觉上呈现三维空间的向度,但是由于固定镜头排除了所有的镜头运动属性,这就很容易造成画面缺乏空间感和深度感的问题。因此,为了弥补固定镜头画面纵深效果的不足,就需要适当地设计一定的前景,或者选用一些具有透视效果的造型元素作为背景,以丰富固定镜头中的空间层次。

3)注意构图的形式美设计

由于固定镜头的视点稳定,给观众提供了可以仔细阅读画面内容的机会,因此画面中任何细节的瑕疵都会在观众眼中被放大,这就对网络短视频创作者的画面造型能力和构图技巧提出了更高的要求。固定镜头的画面构图一定要具有绘画感的形式美效果,只有这样才可以在内容展示中让观众的眼睛获得"美"的观赏体验。

二、运动镜头

运动镜头指因摄影机的运动、镜头焦距的改变或镜头光轴的变化而引起的影像具有动感视觉效果的拍摄手法(见图 6-47)。

图 6-47　造成镜头运动的三要素

1. 运动镜头的拍摄要求

一个标准的运动镜头的拍摄应该包含以下要素(见图 6-48)。

图 6-48　运动镜头要素

1)起幅

起幅,是指运动镜头开始时的画面。所有的运动镜头在运动之前都处于静止的状态,因此起幅画面的设计要讲究构图的形式美,并且在拍摄时要留有适当的时间长度,不要开拍之后马上就运动,以便为后期制作留下充分的剪辑点。

2)运动过程

运动镜头在动态运动过程中要保持匀速,不要出现突然加速或减速的情况。匀速的运动过程可以带给观众流畅的视觉节奏感,是运动镜头拍摄时重要的技术要求。另外需要注意的是,运动镜头在由起幅的固定状态转向运动过程时,一定要做到平稳流畅,以保证画面在视觉上的稳定清晰。

3)落幅

落幅,是指运动镜头结束时的画面。落幅画面与起幅画面一样,画面状态都是固定不动的。运动镜头在由运动过程转为落幅时要做到目的性明确,一步到位。由于落幅受到运动过程的影响,在拍摄时很容易出现偏差,如落幅的景别不当或构图不佳等问题。因此,对于落幅画面的拍摄一定要力求准确无误,做到起幅不能猛动,落幅不能急停,这是完成运动镜头拍摄的最重要的一步。

为了保证落幅镜头画面的准确性,在正式开拍之前可以多预演几遍,在能够准确掌控镜头落幅的基本状态之后再进行实拍。同时,落幅镜头在运动结束后也需要再持续拍摄几秒钟,为后期剪辑留下充分的剪辑空间。

2. 运动镜头的类型

1)推镜头

推镜头也称为"推摄",是指摄像机沿着镜头光轴方向向前靠近被拍摄对象,或者利用镜头变焦的形式逐渐向被拍摄对象推近的镜头运动形式。推镜头可以带给观众类似于日常生活中人的眼睛由远及近的观

看效果。

　　在推镜头的运动过程中,画面的取景范围由大变小,环境和陪体被逐渐排除到画框外,被拍摄主体在画面中得到凸显,细部特征也逐渐清晰、醒目。因此,推镜头常常被用作引导和强化注意、突出戏剧冲突和构成视觉冲击的手法。尤其是推镜头本身会给人一种类似于"接近"的视觉效果,因此在视角上具有一定的主观色彩,也常用作主观镜头来使用。

　　拍摄推镜头时需要注意,推镜头造型表现的重点是落幅,因此要明确落幅画面的内容。在拍摄推镜头时,一方面要确保在推进过程中拍摄主体在画面中的相对位置固定,并注意运动过程中镜头焦点的准确性和动态构图的美观性;另一方面,也需要做好落幅画面的构图设计,切忌漫无目的地推进。

　　2)拉镜头

　　拉镜头也称为"拉摄",是指机位由近及远向后拉开,或者利用镜头变焦的方式逐渐远离被拍摄对象的镜头运动形式。拉镜头所呈现的画面效果,类似于日常生活中人们渐渐远离对象的视觉习惯。

　　在拉镜头的运动过程中,被拍摄主体在画面中的比例由大变小,距离由近及远,构图的要素随着取景范围的扩大也变得逐渐丰富,新的陪体和环境信息被不断地纳入画框之中(见图 6-49)。因此,拉镜头更强调视觉对象和环境的整体性表达,是一种由局部到整体的造型表现手段。在拉镜头的运动中,由于视觉空间的拓展反衬出主体的缩小和远离,在视觉上往往会有一种离场感或结束感,常被用于情绪性叙事镜头的处理。

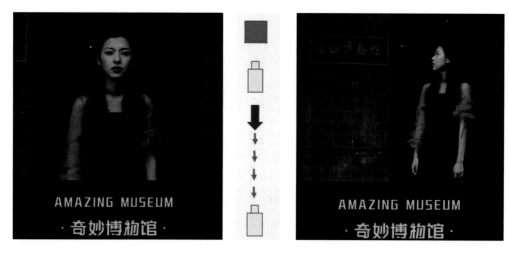

图 6-49　拉镜头所获得的画面效果

　　在拍摄拉镜头时需要注意,由于拉镜头的落幅会将原本并不在画面中的事物结构到画框中来,因此就需要设计好起幅画面与落幅画面内容之间的前后呼应关系,并且需要注意随着镜头后拉而进入画面的环境要素是否会影响画面整体构图的处理。

　　3)摇镜头

　　摇镜头(见图 6-50)的运动形式比较多样,既包含类似于人的摇头或点头效果的水平摇与垂直摇,也包含镜头围绕被拍摄对象进行旋转运动的环形摇,以及从一个主体急速摇向另一个主体的甩镜头等。整体来说,摇镜头比较符合人们在日常生活中用眼睛环视、扫视环境的视觉习惯。

　　摇镜头不但能够很好地拓展画面空间,营造一种视野逐渐展开、环境逐渐被呈现的感受,还可以交代空间场景中的人物关系以及对象的运动轨迹。更重要的是,摇镜头由于与人们日常生活的视觉习惯接近,因此可以表达或模拟各种丰富的情绪及情感,具有较强的叙事表意的功能,也常被作为主观镜头来使用。

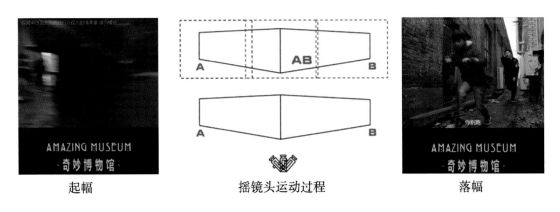

起幅　　　　　　摇镜头运动过程　　　　　　落幅

图 6-50　摇镜头

在拍摄摇镜头时需要注意,摇镜头的运动必须有明确的目的性,画面中的内部要素要提供摇的契机和落的依据,不能为了摇而摇。而且要注意,摇镜头的运动速度需要与画面中的内容和情绪相匹配,不同速度的摇镜头会给观众带来不同的情绪感受。

4)移镜头

移镜头是指摄像机沿水平位置进行左右横移拍摄的运动形式,在画面效果呈现上,与日常生活中人们边走边看的视觉习惯相接近(见图 6-51)。

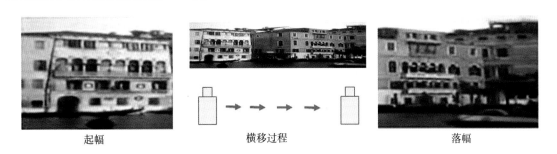

起幅　　　　　　横移过程　　　　　　落幅

图 6-51　移镜头

移镜头的空间呈现效果类似于一幅缓缓展开的画卷,通过摄像机的移动,打破画面的空间限制,从而使画面在镜头完整、连贯的流动中呈现立体的现实空间。移镜头也可以通过画框的移动,使画面背景中的视觉要素不断地发生变化,进而赋予画面中的视觉要素以运动感。由于移镜头所呈现的动态画面接近于人们的生活感受,可以带给观众强烈的现场感和参与感,因此常作为主观镜头来处理。

移镜头在拍摄时,需要注意运动速度要保持匀速,运动过程中的视觉中心要明确,构图要完整。

5)升降镜头

升降镜头是指摄像机在垂直高度方向,进行上下运动拍摄的运镜形式,一般需要借助摇臂或者飞行器等辅助拍摄设备来实现该运动效果。升降镜头由于视点的上升或下降,可以带来画面视域的扩展或收缩,能够产生比较具有冲击力的视觉效果。在网络短视频拍摄中,展示较为宏大的场景或视野时可以采用这种拍摄手法。

6)跟镜头

跟镜头也叫作"跟拍"或"跟摄",是指摄像机始终跟随被拍摄主体一起运动的运镜手法。跟镜头在拍摄时,摄像机的运动速度以及与被拍摄对象之间的相对距离一般保持不变。根据机位与被拍摄对象位置的不同,又可以将其分为前跟、侧跟和后跟三种(见图 6-52)。

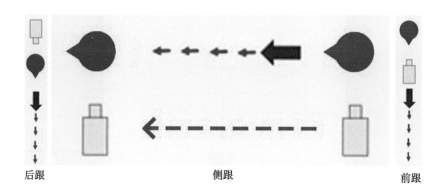

后跟　　　　　　　　侧跟　　　　　　　　前跟

图 6-52　跟镜头

　　跟镜头在视觉上有较强的动态效果,既能突出视觉主体,又能引出环境。除此之外,从人物背后进行跟随拍摄的后跟镜头,由于视点方向与主体一致,因此可以带给观众较强的参与感和亲历感,常被作为主观镜头使用。跟镜头因其跟随性的拍摄特点以及历时性的呈现方式,具有一定的纪实感,也常被用在一些纪录题材的短视频作品或者追求真实性的叙事手法中。

三、空镜头

　　空镜头是指画面中没有主体人物,只有景或物的镜头,也被称为景物镜头。

　　根据画面内容的不同,又可以把空镜头分为以写景为主的风景空镜头和以写物为主的细节空镜头。二者在景别表现上也各有侧重,风景空镜头往往采用全景或远景等大景别进行环境的塑造(见图 6-53),而细节空镜头则一般采用近景或特写等小景别进行细节的刻画(见图 6-54)。

图 6-53　风景空镜头

图 6-54　细节空镜头

　　虽然空镜头画面中的内容主体是景物要素,但这并不影响它在影像叙事中的重要作用。

　　一方面,空镜头具有说明性作用,可以用来交代空间环境以及事件所发生的时间和地点等背景信息,辅助叙事内容的表现。例如李子柒每期短视频作品都是以空镜头作为开场,通过呈现在画面中的景物元素,为该期节目的内容做了一定的背景信息的铺垫。以《柿饼》这期为例,当画面中挂在枝头的黄澄澄的柿子映入观众眼帘时,不但向观众提示了本期节目的内容主题,同时也让观众感受到了秋高气爽的季节和果实丰收的喜悦之情(见图 6-55)。

　　另一方面,空镜头还具有暗示、象征和隐喻的重要修辞功能,能够通过景或物的画面表达,来获得借景抒情、情景交融、渲染气氛、营造意境等重要的艺术效果。同样以李子柒的作品为例,她的短视频作品之所以能够使观众产生对世外桃源般美好田园生活的憧憬,正是因为运用了一系列唯美、富有意境的空镜头来

图 6-55 《柿饼》

进行情境营造。

在镜头关系处理方面,空镜头也经常作为转场镜头使用,它在时空转换和控制节奏方面有独特的作用。如图 6-56 所示,只需要通过月上枝头的空镜头作为衔接,就可以完成由日转夜的时间变化。

镜头1

镜头2（空镜头衔接）

镜头3

图 6-56 空镜头衔接

因此,在网络短视频的创作中对于空镜头的运用,并不仅仅只是单纯地描摹景物,更重要的是,空镜头作为结合了抒情与叙事的重要手法,可以增强网络短视频作品的艺术表现力。

四、网络短视频运镜的注意事项

1. 适当地借助辅助设备

在网络短视频的创作过程中,如果要进行运动镜头的拍摄,最好借助稳定器进行辅助,以确保运动效果的流畅与平稳。即使是固定镜头的拍摄也最好使用脚架来稳定拍摄设备,或者找一个固定的支点,切忌盲目手持拍摄,影响画面效果的呈现。

2. 设置适当的快门速度

运动镜头的拍摄要注意拍摄设备的快门速度设置不宜过低,否则会造成动态画面出现拖尾或卡顿的情况。

3. 选择恰当的运镜技巧

在进行网络短视频拍摄时,并不需要把所有的技巧都用上,也不要为了运动而运动,而是需要根据作品的内容、风格和主题等来进行选择。

4. 善用空镜头

空镜头可以作为备用素材进行镜头的衔接与补充。因此,在拍摄过程中可以适当多捕捉一些空镜头,以应对后期制作时出现因某些镜头运动效果不当而造成素材无法使用,导致剪辑素材量不足的情况。

6.7
其他拍摄技巧

一、巧用景深设计画面效果

景深,是指画面中被拍摄对象从前景到背景之间清晰的距离。它与镜头的对焦点、画面的纵深层次有着密切的关系,对画面视觉效果的呈现有重要的影响。一个画面的视觉感受是简约还是丰富,很多时候都与景深有着密切的联系。

1. 景深的类型

1)大景深

大景深,是指画面中从前景到背景之间的纵深清晰的范围比较大。大景深着重突出镜头空间的纵深感和层次感,画面中由近到远的景物都是清晰的,视野较开阔(见图 6-57)。

图 6-57　大景深画面

2)小景深

小景深也叫作"浅景深",是指画面中前后纵深清晰的范围比较小。小景深往往用来强调画面中的某个细节或局部,将镜头聚焦于该视觉中心上,画面中其他部分处于虚化模糊的状态,从而起到突出主体的作用(见图 6-58)。

2. 控制景深变化的方法

在画面创作中,通过对景深的调节可以控制画面背景的清晰度。不同景深层次的设计,会形成不同的画面视觉效果。因此,需要了解影响画面景深变化的要素及手法,以便在网络短视频拍摄过程中,通过对不同景深层次的控制来获得理想的画面效果。

图 6-58　小景深画面

1)镜头光圈

光圈越大,景深越小;光圈越小,景深越大(见图 6-59)。

图 6-59　光圈越小,景深越大

在网络短视频拍摄过程中,通过调整镜头光圈的大小,可以在不改变画面透视关系和构图效果的基础上,实现对画面景深层次的控制。大光圈的镜头可以获得浅景深的画面效果,而光圈越小的镜头所拍摄到的画面中的景深效果也就越大。

图 6-59 中,f 值是指光圈系数,与光圈大小成反比。f 值越大,光圈越小;f 值越小,光圈越大。

以智能手机为例,当前很多品牌手机的镜头其最大光圈可以达到 1.8,并且具有大光圈拍摄模式(见图 6-60),基本可以满足营造小景深的创作需求。而各型号的数码相机也配备有大光圈参数的镜头(见图 6-61)以供选用,如 50 mm 的定焦镜头,最大光圈可以达到 1.4,在拍摄人像或特定小景深画面时表现非常出众。

图 6-60　手机的大光圈拍摄模式　　　图 6-61　最大光圈为 1.8 的 50 mm 定焦镜头

2)镜头焦距

焦距越长,景深越小;焦距越短,景深越大(见图 6-62 和图 6-63)。

图 6-62　28 mm 镜头拍摄画面的景深效果

图 6-63　85 mm 镜头拍摄画面的景深效果

　　但是在实际的创作过程中,通过调整镜头焦距来改变景深往往会受到很多限制。这主要是因为焦距改变的同时,会造成画面视角和取景范围的变化,进而会影响画面的构图及透视效果。因此,改变焦距并不是控制景深的首选方法。

3)拍摄距离

距离越近,景深越小;距离越远,景深越大(见图 6-64)。

　　在调整景深关系中,拍摄距离的远近起着非常重要的作用。当镜头的光圈参数和焦距都无法满足小景深画面的创作时,改变拍摄距离的方法是获得浅景深效果最直接有效的手段。

3. 网络短视频景深创作的技巧

1)前景对焦拍摄

　　在面对背景环境较为复杂的拍摄场景,如街道、商场等时,为了消除或减弱背景元素对构图的不利影响,可以通过将主体放置在画面的前景中,并将镜头焦点对准前景进行拍摄,从而使背景虚化,获得前实后

图 6-64　拍摄距离与景深之间的关系

虚、视觉中心明确、主体地位突出的影像画面(见图 6-65)。

图 6-65　前景对焦

　　在网络短视频创作中,前景对焦是最常见的处理画面构图的手法。这种方式所获得的小景深效果,不但可以使画面的视觉构成具有简约的形式美特征,而且可以营造出特定的意境和情绪空间(见图 6-66)。

图 6-66　前景对焦营造画面美感与意境

　　2)后景对焦拍摄

　　小景深效果有时候会让画面在视觉上缺乏空间层次感,而后景对焦的方式可以对镜头中的前景要素进行虚化处理,使焦点对准后景的主体或拍摄对象,从而在视觉上形成前虚后实、层次鲜明的画面效果(见图6-67)。

图 6-67　后景对焦效果

二、利用光线塑造画面形象

光线是网络短视频画面视觉呈现的重要前提条件。光线不但能够塑造视觉形象,使被拍摄对象清晰可辨,更能够创造出兼具观赏性和艺术性的影像效果,提高网络短视频作品的可看性。

因此,无论是哪种题材类型的网络短视频作品,都需要注意画面用光的设计,这样才能创作出令观众眼前一亮的作品。

1. 光线的作用

1)视觉造型作用

光线在影像创作中的首要任务就是完成造型。光线的视觉造型作用,是指利用光线将被拍摄对象的现实存在形式,如体积、形状、质地、颜色、空间关系等展示出来。即使是同一物体,在不同的光线形式下,也可以呈现出丰富的造型变化。例如,侧逆光易于展示画面的空间层次感,而顺光则可以较好地表现物体的固有色,逆光则可以勾勒对象的轮廓效果等。

例如在美食类短视频创作中,光线的造型设计往往具有决定性的作用(见图 6-68)。灵动自然的光线效果不但能够表现食材的色泽、质地,而且可以通过逆光或侧逆光来表现食材的形状和轮廓,从而使其在层次上更加立体,在视觉上唤起观众对于美食的想象。

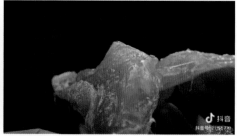

图 6-68　美食类网络短视频作品的用光处理

2)艺术表现作用

光线除了具有视觉造型的作用以外,还承担着重要的艺术表现的功能。

光线以其光影的明暗效果和光线投射的形态特征参与画面的造型,起到美化和平衡构图的作用。不同的光线效果也可以营造出不同的情绪色彩,起到渲染气氛、刻画人物性格和内心情感的作用,并参与对于人物心理或精神空间的建构,达到利用光线进行传情达意的目的。

在一些叙事型的网络短视频作品的创作中,可以借助光线的艺术表现效果来刻画人物情绪,推动情节发展,并形成特定的影像风格。

2. 光线控制的注意事项

1) 白平衡控制:还原真实色温

人类的视觉系统具有自动识别光线色彩的本能,而且准确度非常高。但是数字摄像器材对于光线环境色彩的自动识别能力较差,如果光照环境中的色彩偏向较大,就会使设备拍摄的画面出现明显的偏红、偏黄、偏蓝、偏绿等情况,这就需要通过调整白平衡模式来校正色温(见图 6-69),以确保拍摄设备能够正确还原所拍摄环境的色彩效果,从而不会使画面出现偏色的问题。

图 6-69　色温与白平衡关系示意图

一般数字摄像器材的白平衡调整有三种模式:自动调节模式、手动设置模式和自定义模式。自动调节模式即 AWB 模式,在该模式下摄像器材会自动识别所在光源环境下的色温状态,并设定合适的白平衡参数。这种模式运用比较方便,但是在面对一些较为复杂的光源环境时,自动调节模式也无法做到准确地还原环境色温。这时候就可以使用设备所提供的手动设置模式进行调整,可以在白平衡菜单中选择与光源种类一致的色温选项,如日光、阴天、白炽灯、荧光灯等。还可以根据实际光线环境的特点和创作要求,使用自定义模式进行白平衡参数的设置,以获得理想的画面色温效果。

图 6-70 所示是手机摄像头功能中所提供的白平衡菜单及模式。

正确的白平衡控制对于影像效果的处理至关重要,尤其是在一些追求极致画面效果的短视频作品中,能否校对正确的色温往往决定了作品的成败。例如美食类题材的网络短视频作品,为了真实、准确地还原各种食材的颜色,给观众在视觉上营造出色香味俱全的效果,画面的拍摄就对色彩的还原度要求极高。

2) 光线强度的控制:正确曝光

人们在生活中对于光线的存在早就习以为常,在日常的生活场景中光线几乎是无处不在的,因此在网络短视频画面的创作中,很多人会存在这样一个认知的误区,即认为一个场景只要眼睛能够看清楚,镜头自然也就能够拍清楚,但最后获得的画面往往不尽如人意。

这主要是因为,网络短视频画面的捕捉与呈现是由摄像器材完成的,无论是手机还是摄像机,其成像都

AWB模式

手动设置模式

自定义模式

图 6-70　手机白平衡模式

是光电转换的结果。不同于人的眼睛可以自动适应光线环境的变化,数字设备获得的图像的亮度,是由图像感应器所接收到的光的总量决定的,而拍摄设备能否正确曝光,对于画面的最终成像质量和效果起到至关重要的影响。

所谓正确曝光,指的是采用合适的光量进行拍摄,从而使影像获得良好的视觉亮度效果。如果曝光量不足,会使拍摄的画面过暗,导致细节大量缺失;而曝光量过高,则会使画面过亮,完全失去画面层次。因此在拍摄时,需要时刻保证采取合适的曝光量(见图 6-71)。

曝光过度

正常曝光

曝光不足

图 6-71　不同曝光效果的画面展示

实现正确曝光的方法主要有两种:一种是调整拍摄设备的参数,例如通过改变光圈大小、快门速度、曝光补偿的范围或者 ISO 感光度等来实现正确曝光,这需要根据具体的拍摄环境进行手动的设置和调试来最终完成;另一种则是借助外置设备进行光线环境的调整,例如使用照明器材对场景进行补光,或者使用镜头滤镜、柔光设备降低光照强度等,使场景中的照明效果达到拍摄要求。

6.8
网络短视频的后期制作技巧

网络短视频作为影视创作的重要形式之一,几乎所有影视后期剪辑的规律也都同样适用于网络短视频的制作。但是网络短视频具有短、平、快的网络传播特征,这就使得其在后期制作的过程中,对于技巧性和创造性的要求也就更高。尤其是在一些时长只有几十秒的作品中,无论是画面还是声音,都需要精心的设计,每一个镜头的结构和长度都必须得到精准的控制,对白、画外音、音乐、音响效果等声音要素的选择也都要做到仔细推敲,以便在最短的时间内,充分调动各种视听手段完成内容的表达,并达到预期的效果。

本节主要针对网络短视频后期制作阶段的工作,对剪辑、视觉包装等关键环节的制作技巧进行重点介绍。

一、网络短视频的剪辑设计

所谓剪辑,就是要去掉多余或有瑕疵的镜头素材,选择、保留符合要求的内容,并对其进行排列组合和再创造。在影视制作中有"三分拍,七分剪"的说法,足见后期剪辑对于影视作品二度创作的重要性。

一个好的网络短视频作品,也同样离不开好的后期剪辑。想要做好网络短视频的后期剪辑工作,不但要熟练掌握相关的后期编辑软件,更重要的是要能够准确理解短视频文案的创意设计,领会导演的创作意图,并确保每个镜头物尽其用,发挥出 $1+1>2$ 的效果。

1. 剪辑前的准备工作

在网络短视频作品的后期剪辑过程中,通常会遇到很多问题,如拍摄的镜头素材数量不足,关键性镜头缺失,或个别镜头画面效果有瑕疵,无法满足剪辑要求等。因此,提前做好剪辑的准备工作是十分必要的。

1)工作前置

很多人往往对后期制作有这样一个刻板印象,即剪辑的工作是在所有拍摄任务完成之后才开始,不需要参与前面的创作环节。但是为了防止在网络短视频后期制作过程中,出现因镜头素材问题影响成片效果呈现的情况,剪辑的工作应该前置。

在文案创作阶段,剪辑师要在脚本确定之后仔细研读文案内容,确保理解领会文案的设计意图,并形成初步的剪辑思路;在拍摄方案的执行阶段,剪辑师需要在每场戏镜头素材拍摄完成后第一时间将其导入电脑中,并检查拍摄素材是否符合剪辑要求,如有问题可以返场重拍或补拍,从而为后续的剪辑工作打好坚实的基础。

通过将剪辑工作进行前置,既可以保证网络短视频后期剪辑过程中在内容呈现上的连贯性,又能够更加精准地控制作品的视听情绪及节奏,从而达到预期的效果。

2)挑选镜头素材

网络短视频的后期剪辑,并不是简单地将拍摄的所有镜头按顺序组合在一起就可以完成的。这是因为所拍摄的镜头素材总时长可能已经大大超出了短视频成片所规定的时间,而且在拍摄的过程中,可能会出现大量的重复镜头,这就要求剪辑师在对成片进行剪辑之前,先对拍摄的镜头进行素材的管理。通过对素材的管理,剪辑师可以对所有的素材内容和数量有一个基本的认识,从而提高后续剪辑工作的效率。那么,如何在众多的素材中挑选出合适的镜头,进而剪出一部出彩的作品?可以从以下几个方面着手,进行素材的管理。

首先,通过认真研读分镜头脚本,明确镜头素材选择的思路与要求,带着需求去挑选镜头素材。

其次,如果拍摄的镜头素材数量较多,如剧情类的短视频作品,就需要反复多次地查看所有的素材,做到对素材了如指掌。在看素材时,一方面调动自己的视觉记忆力,分析比较每个有效镜头素材的细节和差异;另一方面,根据对文案的理解和镜头技术指标要求(如曝光、构图、运动效果等),挑选出合适的素材,并根据自己的偏好对其进行标记命名,以方便剪辑时查找使用。

最后,将挑选出来的符合要求的素材按照剪辑思路的构想,进行有序的初步排列和组合,完成粗剪。但要注意保留其他的镜头素材,以备精剪阶段使用。

3）收集、整理音乐及音效素材

在剪辑工作开展前，剪辑师要根据文案的要求和剪辑创意的构思，为作品设计恰当的音乐类型及风格，并提前收集、整理相关的音乐和音效素材，为后续的剪辑工作打好基础。

2. 网络短视频剪辑的设计技巧

1）创新画面表现形式

无论拍摄的镜头素材是横幅还是竖幅，在网络短视频的后期剪辑过程中，都可以通过对画面表现形式的创新，来提高网络短视频内容表达的效果。

常见的对画面表现形式的设计手法，是对画面进行分屏效果的处理，即分屏画面。分屏画面又被称为多画幅画面，是一种运用几何形式对画面进行分割的表现手法。分屏画面具有非常强的视觉形式美特征，可以通过对画面空间的切割与重构，增强观众的视觉体验，突出视觉内容的对比效果。因此，这种手法深受MV、广告和宣传片等侧重于影像视觉化效果表现的影视作品的青睐。

网络短视频的创作也不例外，分屏画面可以通过对短视频作品画框进行多视窗画面的巧妙分割，调动丰富的造型手段和构图形式，从而起到调整内容传播节奏、吸引用户注意力，并提高短视频内容传播效率的重要作用。

分屏手法可以大致分为双画面分屏、三面分屏和多面分屏等形式。其中，双画面分屏因为比较符合人们使用手机或平板电脑等移动媒介浏览内容的视觉习惯，所以较为常用。双画面分屏可以分为上下画面分屏及左右画面分屏两种，例如爱奇艺推出的《生活对我下手了》中，就经常采用上下分屏的形式，进行时空的并置设计或人物内心活动的并列化表达（见图6-72）。

图 6-72　双画面分屏

分屏画面的处理，可以通过后期剪辑时将多个镜头的画面在画框内进行重新排列设置来实现。需要注意的是，分屏画面由于涉及对镜头的缩放或移动，因而会影响画面构图的视觉呈现，所以为了保证画面效果，在前期拍摄过程中就需要对这些镜头进行适当的构图预留处理。另外，分屏的形式需要根据网络短视频作品的内容及节奏来灵活运用，切勿为了分屏而分屏。

2)镜头剪辑技巧设计

网络短视频作品最大的特点就是短,要在较短的时间内,完成尽量丰富的内容的视觉表达,就要求掌握一定的镜头关系的设计技巧。

(1)时间压缩法。

压缩时间,是影视艺术在进行内容表达时最常用的一种剪辑手法。网络短视频区别于传统的长视频的一个重要的标志,就在于内容表达的效率要更高。网络短视频要在极为有限的时间内,在作品中展现出超过叙事时间几倍甚至几十倍的时间。想要在短时间内将内容或主题表述清楚,就必须对相关情节要素进行高度的提炼与浓缩,不能过于追求内容表述的面面俱到。因此,在网络短视频剪辑时需要在保证内容完整、表意清晰的前提下,省略镜头内容之间耗时较长且无关紧要的过程,只保留其重点部分进行镜头的组合,进而完成跳跃性的简要叙事。

需要注意的是,在网络短视频的后期制作中,通过剪辑来省略时间并非只是单纯地为镜头内容做减法。这是一个对原有时间序列高度浓缩的过程,需要通过镜头关系来重新组建一个时间结构。而每次镜头的切换都意味着一个新的时间关系的开始,哪怕上下两个镜头中的场景没有变化,但是呈现出来的时间却是不同的,只要时间的压缩不影响到观众对内容的理解都是可以接受的。

时间的压缩也可以提高网络短视频作品内容表达的节奏,产生特定的情绪效果。如在一些场景和人物都较为单一的短视频作品中,内容主要靠出镜者的语言表述,为了提高信息传播的效率或达到搞笑的效果,经常会采用时间压缩的剪辑手法,把不重要的过程省略掉,虽然视听上有一定的跳跃性,但是并不妨碍观众的理解。

(2)时间延伸法。

在网络短视频作品的叙事表达中,有时候为了营造某种情绪或气氛,达到特定的艺术以及视觉表现效果,也常采用延长时间的剪辑手法。

产生时间延伸的技巧有很多,例如采用升格慢镜头的形式、插入特写镜头的形式或者反复重叠剪辑的形式等,都可以达到这种特殊的效果。

时间延伸的剪辑技法可以使作品的节奏张弛有度,并强化情绪的感染力。但是由于短视频在内容表达上要求高效化传播,因此,这种剪辑技法在网络短视频后期制作的应用中要考虑适度原则。

3)转场技巧设计

转场,也叫作镜头转换。在网络短视频作品的后期制作中,经常需要在镜头与镜头之间、场面与场面之间进行转换,从而实现叙事时间与空间的变化与过渡。为了使前后两个画面转换衔接的逻辑性、艺术性和视觉性效果更好,就需要借助一定的手法来进行辅助处理,这就是转场技巧。

转场可以说是网络短视频作品中镜头组合的"黏合剂",不同的转场技巧,对于内容的衔接、视觉表现的流畅度、作品的节奏和情绪,都会产生不一样的效果。因此,转场对于网络短视频作品来说,也有着重要的作用。

虽然转场的方法技巧多种多样,但根据转场的特性,通常可以分为以下两种主要类型:

一种是技巧性转场。技巧性转场主要是借助于后期编辑软件所自带的一些特效命令,如淡入淡出、黑场、叠化、闪白等,对两个画面的转换进行特技处理,从而实现镜头的前后衔接。技巧性转场的视觉感受比较明显,运用这种转场效果可以使观众对前后两个镜头所表达的时空形成一种心理隔断效应,从而强化镜头之间的段落感,因此常被用作情节段落转化时的处理手法,例如现实与梦境的转化等。这种转场的应用方法较为简单,效果也比较丰富,制作者可以通过后期编辑软件所自带的转场预设,为作品添加各种有趣的

转场效果。很多短视频 App 也自带丰富的转场预设功能,其效果甚至可以达到与专业后期编辑软件一较高下的水准,不但应用简便,而且效果丰富。

另一种是无技巧性转场。所谓无技巧性转场,是指镜头之间的过渡不依靠软件的特效技法,而是通过在前期拍摄时为转场镜头预留一定的转化线索,从而实现镜头之间在视觉上的流畅衔接。无技巧性转场由于附加技巧的使用痕迹不明显,因此在效果上可以带给观众一种视觉的连续性,并能强化作品内部结构的流畅性。常用的无技巧性转场有遮挡式转场、相似体转场、同景别转场、空镜头转场等。与技巧性转场的纯后期特性相比,无技巧性转场更强调前期拍摄时对转场效果的精心设计,并不是任何镜头或场景段落都可以采用无技巧性转场的方法,需要在拍摄时根据前后两个镜头之间在画面内容与造型上的内在关联性来设计转场效果。

4)背景音乐的设计技巧

网络短视频在进行后期剪辑时,一个非常重要的工作环节就是进行背景音乐的选择。好的背景音乐,不但可以对短视频作品起到锦上添花的作用,有时候甚至可以弥补作品内容本身的不足,成为吸引观众的重要手段。甚至可以这样说,一个短视频作品所使用的背景音乐是否恰当,将直接关系到作品在发布后的热门程度。

但是背景音乐的选择本身是一件非常主观的事情,想要在众多的音乐素材中选择出既符合作品内容主旨和整体节奏,又能不落俗套并调动观众情绪的配乐,则需要掌握一定的技巧。

(1)贴合作品的情感基调。

每种音乐类型都有自己独特的情绪和基调,因此在为网络短视频作品选择配乐时,需要根据自己作品的主题和立意来进行音乐类型的定调。首先要明确作品的情感基调,是动感时尚,还是舒缓唯美;是诙谐搞笑,还是优雅沉稳。然后根据作品中想要传递的情绪氛围,来为其进行背景音乐的筛选。例如搞笑类短视频的配乐,就不适合用恢宏大气或古色古香的音乐类型;而创意类的短视频,也不适合用过于低沉舒缓或逗趣搞笑的音乐作为配乐。

配乐不能只是单纯地选择自己喜欢的音乐类型,而是应该在贴合画面效果的基础上,将音乐与画面融为一体,使音乐更有代入感,进而调动观众的情绪,满足用户视觉与听觉上的享受。

(2)贴合作品的整体节奏。

在网络短视频的声画关系设计中,到底是由配乐带动画面,还是要由画面带动配乐?虽然用户在浏览短视频作品时经常会受到音乐的感染,观看的情绪似乎是被背景音乐所调动的,但是对于以画面表达为主导形式的网络短视频作品来说,画面所产生的视觉节奏是配乐的节奏得以完美诠释的前提。

只有当配乐节奏和画面节奏完美同步,网络短视频作品才更具有观赏性。因此,在进行配乐设计时,就需要根据作品内容的叙事节奏来匹配配乐的节奏。也就是说,在网络短视频作品的粗剪完成之后,要根据作品内容所初步成型的叙事框架,来设计音乐和匹配节奏。而在后续对作品进行精剪时,则又需要根据配乐的节奏来调整画面的节奏,从而使画面和背景音乐相互呼应,强化短视频作品的节奏感。

(3)注意配乐形式,避免喧宾夺主。

网络短视频作品中背景音乐的作用是配合画面进行内容的表述,既要与主题相融合,又要与画面相协调。好的配乐可以起到锦上添花的作用,让观众完全沉浸在音乐所渲染的画面氛围中,却又不会感觉到它的存在。

在大多数情况下,网络短视频作品所使用的配乐形式以纯音乐为主。这主要是因为纯音乐是通过音乐旋律来进行情绪传导和氛围营造的,可以有效地避免观众因歌词内容而将注意力从画面中转移到背景音乐上来,造成喧宾夺主的问题。除非作品中的画面内容需要借助音乐的歌词来增加情境的代入感,否则都是以无歌词的纯音乐作为配乐首选。

(4)利用热门音乐,提高引流效果。

在进行网络短视频作品的配乐设计时,可以适当考虑选用一些当下在网络或各大短视频平台比较热门的音乐作为配乐。其优点非常明显:可以利用这些热门音乐来跟上各大短视频平台的热度,达到蹭热点的目的,进而获得更多的平台推荐和流量倾斜。

但是在进行热门音乐选择的时候需要注意,音乐类型和旋律风格要与短视频作品的整体定位和风格相匹配,切忌盲目蹭热点。

3. 不同作品类型的剪辑技巧

不同类型题材的网络短视频作品,其剪辑风格也各不相同。以下针对几种常见的网络短视频内容类型,分析其各自的剪辑风格特征。

1)叙事型

该类型的网络短视频作品主要以剧情类短视频等为代表,通常会在内容中讲述一定的故事情节,具有较强的叙事性,让观众在情节故事中获得一定的感悟。

这种类型的网络短视频作品往往非常注重画面剪辑的叙事性技巧,为了让观众将注意力集中在镜头构建的叙事体系中,要尽量淡化特效的使用,注重画面剪辑节奏的把控,强调镜头组接在叙事和视觉上的流畅性与内在逻辑性。由于在叙事中可能会遇到故事场景变换的情况,因此镜头在剪辑时需要注意色彩和光线的匹配,视觉风格要统一,避免给观众带来视觉跳跃的突兀感受。同时要注意镜头的剪辑节奏不宜太慢,否则会弱化画面内容的视觉表现,削弱叙事效果。

2)时尚创意型

该类型的网络短视频作品主要以创意剪辑型、营销广告型和网红IP型等为代表,其作品注重画面形式美和视觉冲击力的营造。

这一类型的短视频作品在剪辑时非常注重画面效果的设计,往往会采用图形变化的形式来实现创意效果的视觉呈现,色彩和光影效果的风格化明显,追求画面构图和意境的营造。在剪辑节奏方面,通常会采用快速剪辑的方式来强化动感和时尚的效果,从而带给观众强烈的视觉冲击力。

3)搞笑型

该类型的网络短视频作品既包括有一定剧情的搞笑情景剧,也包括草根恶搞类的段子型短视频作品,两者之间在剪辑方面的侧重点略有不同。

搞笑情景剧类作品的剪辑手法类似于叙事型短视频的制作要求,但又体现出自己鲜明的类型化特征。这类作品的剪辑原则只有一个,即以让观众发笑为目的。因此,搞笑情景剧在设计上更注重情绪剪辑点的选择,所有镜头都要围绕笑点的设计和建构来进行组合与排列。这也就决定了这类短视频作品的镜头关系更为简单明确,不需要有复杂的人物关系和情节背景的交代,只需要将包含搞笑元素的镜头,在简单的情节框架下进行适当的深化和强调,从而构建一个相对完整的情节片段即可。在渲染喜剧效果方面,还可以借助音乐及音效来营造搞笑氛围,并适当地设计字幕效果对笑点进行强化,以此来满足搞笑短视频"短"和"快"的要求,获得轻松、幽默的氛围,让观众更容易被逗乐。

而对于草根恶搞类的段子型短视频作品,由于其制作手法比较简单,因此在剪辑时只需要根据笑点的设计,将人物有代表性的表演和台词组接在一起,并适当地配合音效和字幕元素来辅助喜剧效果的表达即可。

4）纪实型

该类型的作品主要包括街头采访型、短纪录片型等短视频作品,不但追求内容的真实性,也追求一定的故事性。

纪实型的网络短视频作品在进行后期剪辑时需要构建一定的叙事性框架,并适当地设置悬念,进而推动内容的展开。画面的剪辑既要符合事实逻辑,也要形成有效的叙事逻辑,在保证客观性的前提下,提高作品的可观赏性。在声音设计方面,纪实型的网络短视频作品非常重视同期声、解说词与镜头画面之间的串联、互补和深化的关系,在剪辑时需要处理好声画的叙述节奏与观众接收信息的节奏之间的关系。音乐的选择要注意与主题相契合,要做到准确、巧妙与适量,不可随意穿插,更不能喧宾夺主。

二、网络短视频的视觉包装设计

视觉包装设计也是网络短视频后期制作阶段非常重要的内容。网络短视频作品的视觉包装主要是运用实拍及动画元素等,通过后期制作将这些视觉要素进行统一的处理和整合,从而使短视频作品形成独特的视觉辨识特征,达到吸引用户的目的。

虽然网络短视频的视觉包装设计并不像传统媒体行业那样要求严格,甚至有很多短视频作品如"办公室小野"等,并没有进行过多的视觉包装设计,但是在专业内容生产时代,要想让自己的短视频作品从内容红海中脱颖而出,对视觉包装设计的运用就显得非常有必要。

1. 巧用屏幕文字

屏幕文字是指通过后期制作的手段,呈现在短视频画面上的文字。现在几乎所有的网络短视频作品都离不开对屏幕文字的使用,甚至有一些作品就是以纯文字动画的形式进行内容展示的。这主要是因为屏幕文字具有重要的信息传播功能,可以辅助画面进行内容和主题的表达,同时突出强调作品中的细节,并参与叙事效果的呈现。用好屏幕文字可以使短视频作品锦上添花,获得理想的传播效果;如果用得不好,则会成为作品的败笔,影响用户的观看。在运用屏幕文字时需要注意以下几点。

1）内容精练,重点明确

在网络短视频作品中,除了标题会采用屏幕文字的形式展示出来以外,在作品内容的表现过程中,往往还会根据内容叙述的需要,将一些重点信息提炼出来,并以屏幕文字的形式进行呈现。

由于网络短视频短、平、快的传播特点,屏幕文字的内容不是越多越好,而要做到少而精练,否则会影响用户对文字信息的解读和理解效果。因此在进行后期制作时,首先要考虑的,是作品中哪几处内容需要用屏幕文字的形式进行表达或强化。在内容设计时,文字要精练,尽量用短句或短语的形式,一目了然地体现关键内容,做到重点明确,通俗易懂而不晦涩,以达到加深用户印象的目的。

2）合理设计动画效果

在确定好屏幕文字的内容结构后,还需要考虑文字以何种形式出现在画面之中,是动态还是静态。如果是静态效果,就要考虑将文字具体布局在画面的哪个位置上。如果是动态效果,就要考虑文字以何种运动形式入画或出画,以及文字的运动效果该如何设计等问题。这就涉及屏幕文字动画效果的设计,不同的动画效果可以为用户带来不同的视觉感受,增加网络短视频作品的观赏性。

此外,还需要注意动态屏幕文字在画面中停留时长的设计。如果字幕停留的时间太短,就容易导致观众还没看完屏幕文字的内容,字幕就已经消失了,影响用户对内容的理解;而字幕停留时间太长,则有可能会使画面效果呆板,甚至影响观众的视觉体验。因此,在进行屏幕文字动画效果的设计时,要时刻站在用户的角度来进行内容的创作,保证文字停留时间的合理性。

　　3)合理设计视觉效果

　　网络短视频的屏幕文字还要注意字号、字体、颜色设计,以及在画面中排版位置的设计,这些都会影响屏幕文字最终所呈现的视觉效果(见图6-73)。

图 6-73　屏幕文字的视觉设计

　　网络短视频的屏幕文字一般都会采用较粗的广告字体,字体颜色通常与画面或背景颜色相协调,字号也会根据排版的位置适当地有所放大,以便观众可以直观清晰地看到文字内容。字幕的排版既要考虑到屏幕文字的篇幅长度,还需要根据画面的构图来进行合理的位置安排,从而使其与画面完美地融合在一起,达到视觉呈现和谐美观的效果。

2. 动画元素设计

　　在网络短视频的后期制作中,可以根据作品的类型及画面内容表达的需要,适当地添加一些简单的动画效果。通过设计简洁有趣的动画元素,不但可以更加形象生动地传递画面内容,同时也可以起到美化画面、丰富视觉效果的作用(见图6-74)。

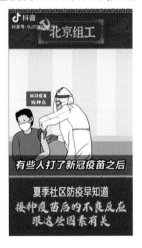

图 6-74　动画元素的设计与使用

一方面,动画元素具有直观性和趣味性的特点。这些丰富的动画元素往往是借助于一些有趣、搞怪、好玩的卡通形象或图形,通过其夸张的形象和动作,以及风趣的表达形式,带给观众轻松愉快的视觉感受,并能加深观众对短视频作品的印象。

另一方面,动画元素也可以调整网络短视频作品内容传播的视觉节奏。通过在实拍画面中插入虚拟的动画效果,可以使内容的传播化复杂为简单,化抽象为具象,从而与短视频画面一起完成内容和主题的表达。

3. 画面调色设计

色彩作为影像表现中最直观的视觉元素,不仅可以带给观众视觉上的刺激,也可以传达出不同的情绪感受,进而对观众的心理产生一定的影响。画面色彩效果的设计,可以丰富作品的内容表现力和艺术感染力。

然而,在实际拍摄的过程中,由于各种因素的限制,可能会使镜头画面中的色彩效果得不到正确的视觉呈现,或者画面中的色彩过于平淡,无法达到情绪渲染和艺术表现的目的。这时就需要对画面进行调色处理,通过后期调色的方法,将画面中的色彩进行适当的二次加工,形成风格化的视觉造型效果,从而使画面在形式上可以更好地配合作品主题内容的表达。因此,调色设计也就成为网络短视频制作中提升画面效果的重要一环。

1)确定色彩风格

在调色之前,需要先根据作品内容的主题风格,来确定调色的色调风格,为后续调色工作明确整体的调色宗旨和思路,这是调色流程中的基础步骤。

例如,短视频作品的画面是暖色调,还是冷色调;是清新明快的,还是饱满亮丽的;是写实风格,还是艺术化风格;是日系、复古系,还是赛博朋克系,等等。这些都需要根据短视频作品的类型及其内容创意理念,来进行调色方案的定调。

2)画面调色处理

网络短视频作品的调色主要是根据色彩风格的设计,对镜头画面进行色彩效果的加工处理,一般包含两个重要环节:一级调色和二级调色。

一级调色,是指通过对画面色相、饱和度、明度和白平衡等参数的调整,来校正画面的曝光和色彩平衡。一方面可以正确还原画面的色彩效果,另一方面也可以使不同镜头之间的颜色呈现得以相互匹配,从而实现画面色彩风格的基本统一。

二级调色,就是根据作品设计的创意理念,在一级调色的基础上进行画面效果的增强及风格化的处理,并对画面中的局部色彩或光线进行进一步校正,强化画面的视觉中心,并美化主体的视觉质感,营造出全片的整体色彩效果,从而使画面呈现出更美的意境。二级调色过程中,也可以利用软件中所提供的 LUT 预设,来实现画面艺术化影像效果的表达。

Wangluo Duanshipin Chuangzuo

第 7 章

网络短视频运营

网络短视频作为一种内容产品,在经过策划、拍摄和制作之后,就进入了市场环节与用户见面。但是由于当前短视频平台数量众多,用户每天都要面对海量的内容信息,信息内容的泛滥使用户的注意力被高度分散,很容易造成短视频作品创作出来之后无人问津的情况。因此,一个网络短视频作品想要获得成功,仅仅只依靠内容是远远不够的,毕竟在这个信息爆炸化的网络时代,酒香也怕巷子深。要想获得长久的发展,还需要配合有效的运营手段,不但能取得事半功倍的效果,更能打造出爆款网络短视频作品。

7.1
什么是网络短视频运营

网络短视频运营作为新媒体运营体系下的一个分支,主要是对其团队创作输出的网络短视频作品进行相应的管理,以用户为中心,围绕内容产品和用户需求进行交互分析,借助各种网络平台进行内容产品的宣传、推广和营销,提高用户对网络短视频作品的触达率和参与度,并提升作品及账号的知名度,从而为网络短视频作品及账号沉淀和扩展用户市场规模,最终完成品牌价值的变现转化。可以说,网络短视频运营是一种长期的且带有营销思维的活动,最终目的就是实现用户的增长和变现。

网络短视频的运营工作主要包括四个大的方面,即渠道运营、内容运营、用户运营和数据运营。

7.2
渠 道 运 营

当前网络短视频的渠道平台众多,不同的渠道对内容产品发布的规则和要求也各不相同,用户的特征和偏好也存在差异。因此,选择适合自己特点的平台渠道进行内容产品的投放和运营,是快速获取流量和推荐的重要前提。

网络短视频的渠道运营主要就是根据不同渠道的属性和规则,对外分析每个渠道的用户调性和内容定位,选择确定投放平台;对内通过对各渠道用户信息数据的收集、整理与分析,有针对性地制定运营策略和内容产品策略,从而保障内容产品的流量能够持续稳定地增长。那么该如何选择合适的网络短视频渠道进行内容产品的推广?

一、根据渠道特点选择投放平台

1. 分析渠道类型特点

平台运营首先要结合各短视频渠道的类型特点进行分析,来选择适合自己内容的平台进行投放。每一种平台类型的资源结构和基本情况都有所不同,即便是同一类型的短视频平台之间也各有差异。

例如同样是社交分享型平台,抖音的播放量主要是通过机器算法和系统推荐来获得,粉丝数量对播放量的影响并不大,所以网络短视频作品的标题和标签对于作品的首轮推荐就非常重要;而在美拍平台上,粉丝数量的多少将会直接影响到作品的播放量,因此就需要格外重视对用户的运营与维护工作,以便维持粉丝关系。

2. 分析渠道用户特点

每个网络短视频平台的用户资源结构都有一定的不同,具体体现为用户的年龄差异、性别比例差异、地域差异、兴趣爱好差异和教育背景差异等。因此,在选择平台时,应充分考虑内容产品定位与平台用户群体之间的匹配度。只有高精准度的投放,才可以提高作品的触达率和播放量。

例如,抖音和快手虽然都以年轻群体为主,但抖音的用户群体中女性要稍多于男性,快手则是男性用户居多;在用户分布方面,抖音的用户规模主要集中在高线城市,而快手则是以低线城市为主。因此在网络短视频的内容生产方面,如果是以快手作为主要投放渠道,则可以考虑多拍摄创作一些男性更加感兴趣的内容,例如汽车类、科技类等题材,提高播放量;如果短视频作品是以二次元或游戏电竞为主要内容,则可以选择 B 站这类二次元用户和游戏用户聚集比较多的平台。

3. 分析渠道活动

各大网络短视频平台为了争夺更多优质的内容产品,往往会推出各种各样的平台活动,例如头条的金秒奖、抖音的有偿奖励任务中心等。及时关注并分析这些渠道的活动,并根据自己的内容产品的定位来进行投放,不但可以提高曝光率,同时也可以获取一定的经济效益。

二、根据推广目的选择合适渠道

不同类型的网络短视频内容产品,其定位和目标也各不相同,有的是为了分享,而有的则是专注于变现。所以对于短视频运营者来说,除了要了解渠道特点以外,还需要结合自身产品的推广目的,来选择相应的渠道投放作品,以便快速地获得流量的积累,并实现预期的目标。

1. 以打造 IP 为目的

如果内容生产者想要打造属于自己的网络短视频 IP 品牌,那么就需要进行投放渠道的全面布局,尽量选择多平台传播的方式,并着重选择一些大的短视频平台作为主要分发渠道,例如抖音、快手、美拍等。因为这些平台用户规模大,传播力度强,作品的曝光量会更高,从而更容易形成 IP 效应。

2. 以获得粉丝为目的

如果内容产品的推广是以获得粉丝为主要目的,也拥有一定的粉丝基础,那么就可以考虑选择粉丝黏性比较大的内容渠道进行作品分发,如美拍、快手等。以美拍为例,在美拍平台上粉丝量对网络短视频作品的播放量有着很大的影响,如果作品通过前期的积累获取了一定粉丝量的沉淀,通过持续输出优质内容,不断带动粉丝的评论、转发和点赞等行为,可以为作品带来更多粉丝的关注。同时也可以利用朋友圈、通讯录等为自己的短视频账号进行粉丝倒流,完成初期种子用户的积累。

3. 以变现为目的

很多网络短视频的内容生产者在进行内容创作的时候,看重的是网络短视频"内容电商"的价值,希望

能够通过短视频平台的内容生产和投放,来实现以网络短视频带动电商变现的目的。而电商变现最重要的是要依靠巨大的用户流量,才能产生强大的带货能力。因此,在选择渠道时,应侧重于选择用户规模大、用户群体年轻化的短视频渠道平台,或者垂直类平台,以便更好地实现精准用户群体的营销。现在大多数短视频平台都支持在网络短视频作品中加入购物链接的功能,因此选择较为广泛。

4. 以获得播放量为目的

如果内容产品的推广主要是以获得更多的播放量为目的,那么就可以尝试进行全渠道的内容分发,即无论短视频平台是大还是小,都可以进行作品分发。这样可以获得更多的播放量,也更容易在众多的平台中进行试水,慢慢选择出更适合自己内容的平台渠道。

5. 以内容测试为目的

在网络短视频内容生产的起步阶段,如果想要为自己的内容产品进行内容方向的试错测试,获得相应的优化反馈和用户画像,快速发现问题并及时做出调整,那么就可以选择用户量较大的平台渠道来进行作品发布。例如抖音,用户规模数量大,可以较容易地测试出内容产品是否受用户青睐,以及适合什么样的用户群体。

三、根据内容产品类型选择平台渠道

根据内容产品的类型去选择相应的投放平台,这样可以让作品更容易被平台用户接受和喜欢,从而达到快速吸引粉丝的目的。

1. UGC 类内容产品

创作 UGC 类的网络短视频作品一般不需要非常专业的团队,对内容生产的要求相对较低,只需要将自己日常拍摄的作品进行上传即可。因此,可以选择一些内容门槛较低、主要依靠用户自发生产的短视频平台进行内容的投放,例如快手、火山小视频、抖音等。

2. PGC 类内容产品

PGC 类的网络短视频内容生产有专业创作团队的支持,内容设置及作品呈现均非常专业,类型和定位垂直性较高。因此,这类短视频产品的投放,应重点以垂直化程度较高的渠道平台为主,例如小红书、B 站等这类粉丝群体相对更加垂直的平台。

7.3

内 容 运 营

内容是网络短视频产品的核心。网络短视频的内容创作区别于其他的视听产品,不能完全以生产者个人的喜好作为创作的唯一导向。虽然个性化的人格标签可以增强短视频内容产品的辨识度,但是网络短视频作品作为一种互联网产品,要求创作者要抛开片面的"作者思维",学会站在用户的角度去生产内容。而内容运营的工作,就是要通过数据的收集和整理,确保内容产品与用户的需求相贴合,从而达到提高作品的用户触达率、点击率,延长用户停留时间,促进用户互动留存等重要目标。

一、网络短视频内容运营的目标

网络短视频内容运营的主要目标,就是为用户提供喜欢的短视频内容产品。

短视频内容产品从前期策划到制作与发布,都需要内容运营的全程参与。很多内容生产者往往会把内容创作的注意力都集中在作品的生产与制作上面,但是如何保证创作出来的内容产品并不仅仅只是生产者的孤芳自赏,还能取得良好的市场反馈?这就需要创作者将用户思维贯彻到内容生产的全链条之中,确保创作的作品是用户所喜欢的内容,以便在作品发布后,实现人均作品播放量和作品人均播放时长的双向增长,为后续的用户运营打下坚实的基础。

二、内容运营的主要工作

1. 内容的定位与选题

内容的定位与选题,是网络短视频内容运营初期流程中最重要的工作。在进行内容创作之前,需要明确的核心目标,就是要快速找准用户所喜欢的内容选题,并确定好内容产品的方向。这一步工作的主要内容,就是要明确作品的定位、用户群体与选题来源等。

1)内容定位

网络短视频的内容运营首先需要做好内容产品的定位,根据所确定的定位方向来进行用户画像,就目标用户群体的观看习惯、内容偏好等进行分析,从而确定内容产品的选题和创作。

在初期进行内容定位时,还需要将内容输出和变现路径这两个重要因素考虑在内。所谓内容输出,指的是要明确自身的资源和创作优势,选择一个自己所擅长并且能够控制好的内容方向进行垂直深耕,并持续输出优质内容,以增强用户的认知度和黏性。变现路径,就是要明确内容产品的盈利方式,是电商带货、打造 IP 品牌还是其他,都需要在内容定位的阶段进行明确。

2)选题策划

选题策划的首要原则就是要贴近用户,在明确用户需求的前提下进行题材的选取。因为网络短视频产品最终要面向目标用户群体进行内容的推广,用户所认可的选题更容易获得更多的流量。这就需要通过内容运营,针对同类竞品的热门选题和用户的需求进行分析,避免选择冷门选题或同质化选题。

在选题策划阶段,内容运营还需考虑内容发布平台的特点。要对平台的规则和用户属性进行分析,从而确保选题能够得到平台推荐机制的更多流量倾斜。

2. 内容的策划与管理

在定位和选题方向明确之后,内容运营还需要参与内容产品的策划与管理工作,通过特定的方式或手段,将优质的内容展现在用户面前,从而确保前期项目的顺利孵化。

在这一阶段,内容运营的主要工作是深度参与内容的策划,以保障前期的定位理念和选题方向在具体

的内容实施过程中得到落实,从而为创作和拍摄团队提供下一阶段工作的指导方案。

同时,内容运营还需要对内容产品的时长进行管理,要根据用户的观看习惯和作品的题材特点把握时间的长短。内容产品时间过长,容易使用户的注意力不稳定;时长太短,则又很难表达清楚创作者的意图,从而导致用户无法理解作品想要表达的内容是什么。整体来说,时长的设计可以根据内容的类型来确定。剧情类题材的网络短视频作品,时长一般控制在 2~3 分钟;非剧情类的作品,则可以将时长控制在 1 分钟左右。

3. 内容的发布与推广

网络短视频作品想要获得高曝光量,光有优质的内容是远远不够的。在内容产品的策划完成以后,内容运营还需要根据发布平台的推荐分发机制和流量高峰时段,来选择合适的发布时间,从而确保内容产品可以精准地推送给目标用户群体,从而获得更多的流量。

因此,为了能够更好地获得平台算法的推荐,在进行作品发布前,需要设计好内容产品的发布方式,因为发布方式会对内容产品的浏览量产生重要影响。首先,要设计好作品的封面和标题,并善于运用平台的@功能,这样不但方便平台算法机制的识别和推荐,有助于提高作品的热度,也便于用户的搜索,为作品带来大量精准的搜索流量。其次,要结合目标用户群体的时间进行作品的发布,因为不同的细分行业和目标用户群体都有着不同的属性特征,因此要找准用户活跃的高峰时段进行内容产品的发布,从而获得更好的流量效果。例如,励志类、职场类的短视频作品适合在早上发布,段子类、剧情类或正能量的作品可以在中午时段进行发布,治愈类、情感类适合在夜晚睡前时间进行发布,而傍晚下班时间则适合几乎所有类型的短视频作品的发布。以上是根据大部分用户的时间来进行划分的,具体的发布时间还是要根据作品的内容定位和用户群体的深度分析来确定。

4. 内容的效果监测与策略调整

当网络短视频内容发布以后,内容运营需要通过数据监测来分析内容传播的效果,借助于数据分析来进行效果的量化,总结造成最终效果和原定目标之间差距的原因,并根据数据分析的结果来调整下一次的内容传播策略。

数据量化分析的过程本身就是一个复盘的过程,不但需要对作品发布后的各项数据指标(播放量、点赞量、转发量等)进行分析,更重要的是要将运营的目标预设与实际效果进行对比,根据复盘及对比后的数据结果来分析内容的优点与不足,并进行相应的调整,从而保证内容优化策略的高效性和科学性。

7.4
用 户 运 营

网络短视频内容产品生产与传播的最终目的,就是获取用户的关注,使用户愿意在众多的内容产品中,将注意力停留在自己的作品上面。因此,获取用户是网络短视频运营的核心目标。用户运营可以理解为通过与用户进行深度交互,维持用户黏性,激活用户活跃度并拓展用户规模,从而使内容产品可以长期持久地获得用户的关注。

一、用户运营的内容

网络短视频用户运营的核心工作主要有四个,即拉新、留存、促活和转化,整个用户运营工作都是围绕这四个目标进行展开的。

1)拉新

拉新即拉动新用户,不断扩大用户的规模。在网络短视频的用户运营工作中,拉新是基础。一方面,新用户的加入可以不断地刺激内容的创新,使内容产品在玩法日新月异的时代浪潮中不断迭代升级,始终保持活力;另一方面,拉新也可以扩大内容产品的用户规模,为留存、促活和转化打下重要基础。

2)留存

留存即通过运营来防止已有用户的流失,提升用户的沉淀率。留存是用户运营中非常关键的一环,目的是将通过各种渠道拉来的新用户成功转化为稳定的用户群,防止"脱粉"造成用户流失。

3)促活

促活即促进用户的活跃度。在用户数量留存率稳定后,通过各种交互方式,使用户活跃起来,主动参与到内容产品的话题和互动中来,从而达到提升用户黏性及内容产品热度的目的。

4)转化

网络短视频用户运营的最终目标,就是要将用户转化为消费者,从而实现流量的变现。想要达到用户转化的目的,需要经过较长时间的潜心运营。转化阶段主要是针对成熟期的用户,所以前三个阶段的积累尤其重要。

所有类型的短视频内容产品的用户运营,都可以分为以上四个部分。用户作为网络短视频实现流量变现的基础,拉新可以拓展用户规模,留存是为了实现用户规模的最大化,促活则可以增强用户的忠诚度和活跃度,为最后的变现提供关键的动力,而将流量转化为商业价值才是用户运营的最终目的。

二、用户运营的阶段性特征

网络短视频用户运营的工作核心非常明确,四个核心目标的运营是一个长期不间断的过程。但是随着网络短视频内容产品的不断发展与成长,用户运营在不同的发展阶段其侧重点也各不相同。根据网络短视频内容产品各生命周期的特点,可以大致将用户运营的工作分为三个阶段。

1. 萌芽阶段

对于处于发展初期的内容产品来说,获取第一批用户至关重要。因此,该阶段用户运营的首要任务就是拉新。为内容产品寻找潜在的目标用户,吸引用户的注意力,并在此基础上实现用户量的增长,为内容产品的发展积累初期用户群体。

拉新的具体方法主要有以下几种。

1)熟人拉新,获取种子用户

处于萌芽阶段的内容产品获取种子用户的最有效的途径,就是通过拉动身边的熟人进行关注来实现拉新。一般短视频平台都会关联用户手机通讯录的联系人,并且在作品发布时会有朋友圈、QQ 或微信的同步

分享链接,通过熟人营销的方式进行内容产品的推广,可以积累初期的种子用户,增加粉丝量。

2)热点增粉,节约运营成本

每一个热点话题的出现都会吸引大量受众的关注,利用蹭热点的方式进行粉丝的积累,不但可以有效地降低运营成本,而且能大大提高内容产品成为爆款的概率。例如抖音的热点话题、卡思商业版的热门视频等功能,都可以为运营者提供当下的热点信息。热点增粉需要注意把握好话题的时效性和可操作性,对热点话题的把握要做到快、准、狠,才能将热点事件中用户的关注度引导到内容产品中来,从而实现拉动新用户的规模。

3)利用平台资源,实现原始积累

很多短视频平台都会推出短视频任务或者挑战项目。例如,抖音的创作者服务中心,就通过现金奖励的方式鼓励用户积极参加。这些项目都自带巨大的流量池,参与这些项目的创作,不但可以极大地提高内容产品的曝光量,同时也更容易得到平台内容分发机制的推荐,从而更好地实现粉丝群体在萌芽阶段的原始积累。

4)付费推广,带动成长

几乎所有的短视频平台都提供付费推广的服务内容,以帮助内容初创团队获得更大的曝光量。例如,抖音的"DOU+"、快手的"作品推广"和新浪微博的"粉丝通"等服务。另外,还可以通过寻求与大 V 进行合作推广的方式,进行粉丝的引流,带动初创账号的成长。

整体来说,处于萌芽阶段的内容产品其用户的拉新与流动往往都是很不稳定的,容易出现新用户入场和已有用户流失并存的情况,这实际上是一个用户与内容产品相匹配的过程。为了能够高效地进行用户的筛选,就需要对用户的需求和内容产品的定位进行分析。最有效的方法,就是借助数据工具进行用户画像的研究与分析,利用大数据的手段来进行用户的匹配与内容的过滤。如果已有的用户画像分析与短视频内容产品预期的定位不一致,就需要调整后续内容创作的方向,或者继续新一轮的拉新,再次进行匹配测试。只有达到用户群体与内容产品的高度匹配,才能进行稳定的内容输出,进而培养用户的黏性和忠诚度。

2. 成长阶段

在网络短视频内容产品的成长阶段,用户运营的主要内容就是留存和促活,即在当前用户规模的基础上,实现稳定的用户增长,并激活用户的活跃度。

1)拓展用户增长渠道

在成长阶段,需要保证用户规模能够实现稳定持续的增长。拓展用户渠道,是建立有效的用户增长模式的重要手段。用户渠道的拓展,一方面可以通过增加内容分发渠道的方式,实现全平台覆盖,从而达到挖掘更多潜在用户、提升内容产品影响力的目的。例如李子柒的短视频账号就在抖音、快手、B 站、腾讯视频等平台进行投放,实现用户的全网覆盖。另一方面,也可以通过打造产品矩阵的方式,通过不同垂直领域或账号之间的联动与导流效果,实现用户的流动与增长。例如丁香园矩阵,所发展出的"丁香医生""丁香妈妈""来问丁香医生""丁香食堂"等,累计粉丝达六百多万人。

2)加强内容质量把控

优质内容是用户留存的根本手段。只有优质的内容才能不断地吸引用户的关注,因此要加强对作品内容质量的把控。持续输出优质的短视频内容,做好定期的内容更新,并根据数据的反馈,对内容产品进行优化与调整,这才是维护和留存用户的关键。

3)加强互动,提升活跃度

用户运营在内容产品成长阶段的主要工作,是围绕激活用户、增加用户的活跃度展开的。通过加强互动的方式引导用户持续关注短视频账号,来强化用户的黏性。而黏性强、活跃度高的用户,则更容易被转化成最终的消费者。

促活的主要方式就是互动,具体方法有以下几种。

(1)评论互动。

评论是内容产品热度表现的重要指标之一。评论多的内容产品不但可以更容易得到平台算法的推荐,获得更大的流量倾斜,而且评论互动也可以与用户产生更多的交互,从而提升用户的活跃度,增强用户黏性。

运营者可以通过以下几种方法来增强评论互动:

①设置讨论话题,引导评论。可以通过在内容产品中设计添加互动环节,设置一些能够引发用户参与讨论的话题。这样不但可以调动用户的参与热情,提升用户与内容的交流感,加深用户对作品内容的印象,同时也可以通过话题的讨论来引导用户产生评论行为,从而形成话题的互动。

②及时回复评论,激发用户热情。认真阅读并及时回复每一条评论,对于成长期的短视频用户运营极为重要。因为回复用户的评论,是激活用户互动热情最直接的方式。尤其是在内容产品发布后最初的几十条评论,一定要及时进行回复。这样不仅可以带动评论区的热度,同时也可以向用户展示亲和力。如果在评论区发现有趣、有价值的评论,则可以将其进行置顶显示,以此来带动更大范围的话题互动。

③私信回复,培养高质量用户。私信回复也是一种强化用户关系的重要手段,主要针对那些互动频率和质量都比较高的用户,除了跟进评论以外,还可以通过私信回复的方式将其作为重点用户进行培养,强化用户的忠诚度。

(2)定期策划专题活动。

除了日常的短视频内容产品的更新以外,还可以利用重要节假日作为运营的契机,进行专题活动的策划与推广。将富有创意的内容与节假日活动的热度相结合,不但可以起到激活用户、提升活跃度的效果,而且可以借势活动热点形成二次传播,达到新一轮拉新的效果。

富有创意和传播性的活动是用户运营的一种重要形式,也是激活用户的有效方式。鉴于短视频平台的局限性,运营者可以通过社群的方式将粉丝沉淀下来,通过后续各种活动来获取用户反馈,增加用户黏性。也可以鼓励用户积极表达,带动他们成为内容创意的贡献者。有一点要注意,单纯的有奖活动并不是很好的方法,只有能够带动人群参与热情的话题才是关键。

(3)社群运营。

在网络短视频发展的成长阶段,最重要的目标是要为成熟阶段的用户转化做好前期的准备工作。想要将用户从普通粉丝转化为愿意付费的消费者,就需要对用户群休进行分层划分和沉淀,将高忠诚度和高质量的用户连接在一起,使其形成社群,并对其进行精细化管理和运营。

社群经济是粉丝经济的升级,作为移动社交时代的新型商业模式,社群具有巨大的商业变现价值。很多付费类的短视频内容产品,都是通过社群运营的方式来进行品牌构建和内容营销的。内容产品经过一段时间的发展运营后,一旦形成一定的用户规模,就可以通过各种互动活动来强化用户的关系链条,将那些促活阶段表现活跃的高质量用户聚拢在一起,形成一个以短视频运营者为中心的社群系统。而社群的构建与运营,对下一个阶段的转化效果和变现率有重要的影响。

总而言之,成长阶段对于短视频内容产品来说,是一个机会与挑战并存的阶段。这个阶段的用户运营

的效果,基本上决定了内容产品能否在内容市场的竞争中脱颖而出。

3. 成熟阶段

在成熟阶段,用户运营的工作重点就是进行用户的转化,将流量进行变现。网络短视频内容商业化的形式丰富,无论是内容付费、广告植入、电商变现还是 IP 化开发,其最终目的都是将用户转化为最终的消费者。

流量变现主要是以前两个阶段所沉淀下来的忠实用户或社群用户为主,毕竟初期的新用户不太可能马上为内容进行付费。因此,用户转化必须要建立在取得用户信任的前提下。需要注意的是,在转化的同时必须要及时收集用户的反馈数据,重视用户对商业化内容的反应,并跟进调整转化策略。在内容商业化的过程中,一定要注意形式的趣味性和频次的适度性,不要过于频繁地进行商业化的内容推广,以免引起用户的反感与排斥,导致"脱粉"。可以通过将商业化行为与内容产品相结合的方式,或者借助网络红人进行推广,来适度地推进用户转化的进程。

当前短视频行业的竞争日趋白热化,要在众多竞品中脱颖而出,除了要依靠优质的内容以外,还需要运营者具备用户思维,只有以用户为中心,才能在激烈的市场竞争中立于不败之地。因此,要重视用户运营的作用,并结合自身内容产品的发展阶段,实时地调整用户运营策略,才能在这场旷日持久的流量之争中行稳致远。

7.5
数 据 运 营

数据分析在网络短视频运营工作中,具有非常重要的保障性作用。短视频内容产品在发布以后,所有的结果都以数据化的形式呈现出来。运营者需要通过数据来分析内容产品的播放量、评论量、收藏量、点赞量以及转发量等,在数据中发现问题并解决问题,调整内容产品后续的创作方向、发布时间以及发布频率等。以数据为导向,对内容产品进行持续优化,并逐步提升内容产品的流量。

1. 固有数据

固有数据是指内容产品在生产与发布过程中所产生的固有属性,例如作品的时长、发布时间以及发布平台等。这些要素作为内容产品的固有数据,会对其他基础数据产生直接的影响。

2. 播放量

播放量是数据运营中的一个重要的基础量,通常包括累计播放量和同期对比播放量。通过对播放量的分析,可以对内容产品的播放效果进行更加全面的评估,从而推动内容产品的持续优化。

3. 播放完成性相关数据

播放完成性相关数据可以反映完整地看完内容产品的用户比例,主要包括完播率、退出率、平均播放时长等,是衡量一个网络短视频作品内容是否优质的重要指标。现在很多短视频平台也非常重视输出内容的完整度,播放完成度高的作品被推荐的机会也就越多。

1）完播率

完播率能够反映内容产品的优质度。完播率越高,说明内容产品越受欢迎,也就越容易被平台推荐到更大的流量池。

想要提高完播率,首先要保证内容足够优质,不但选题要紧抓用户的痛点,而且画面表现要美观;其次,要注意作品的时长控制,最好保持在 15 秒到 1 分钟之间,这样能够有效提高内容产品的完播率。

2）退出率

退出率反映了内容产品的受欢迎程度。造成退出率高的主要原因有两个:一个是由于作品内容对用户缺乏吸引力,使用户没有继续往下看的欲望;另一个则是因为作品的标题与内容出入较大,虽然标题很抢眼,但是内容与标题的不符,造成用户在观看时心理落差较大。因此,在内容创作时既要重视标题的设计,又要把好内容的质量关,只有这样才不会出现文不对题的情况。

3）平均播放时长

平均播放时长是指用户在观看内容产品时的平均观看时间长度。例如一部一分钟的网络短视频作品,如果用户的平均播放时长只有 20 秒,那么创作者就需要检视是什么原因造成了用户在其他时间段退出观看,从而进一步优化整合内容结构。

通过对播放完成性相关数据的分析,可以就所发布的短视频内容产品进行具体的优缺点总结,从而找出用户在播放过程中最集中的跳出点,并针对跳出点所反映的问题进行内容的优化,提高用户播放视频的完整性。

4. 反馈数据

1）评论率

评论率能够反映用户表达自己想法的意愿,是一项重要的互动指数。

$$评论率＝评论量/播放量×100\%$$

评论率越高的内容产品热度就越高,同时也越容易增进与用户之间的交流和沟通,形成有效的互动。

想要提升内容产品的评论率,一方面,要保证内容的选题本身具有可讨论的价值和互动的空间;另一方面,要做好评论区的互动与引导,鼓励用户发言并及时回复有价值的评论,从而形成良性互动。

2）收藏率

收藏率体现了用户在观看内容产品后进行收藏的意愿,能够反映用户对作品内容价值的肯定。

$$收藏率＝收藏量/播放量×100\%$$

收藏率高的内容产品说明内容对用户来说要么有趣,要么有用,收藏后可能会多次观看。想要提升作品的收藏率,首先要提升内容的实用性与稀缺性,一些知识类内容领域如软件教学、英语学习等类型的作品的收藏率往往都很高。

3）转发率

转发率可以反映用户在观看行为完成后,对内容进行推荐与分享的欲望。

$$转发率＝转发量/播放量×100\%$$

用户对作品内容进行转发,主要基于两种心理动机:一种是因为内容有一定的实用价值,想要进行分享;另一种则是因为内容可以表达或彰显个人所支持的观点或态度,将其作为意见表达的方式进行转发。因此,如果想要提高内容产品的转发率,一定要考虑内容的价值性与普适性原则,让用户产生强烈共鸣,进

而产生转发行为。

4)点赞率

点赞率能够反映作品内容是否能够引发用户的兴趣。

$$点赞率＝点赞量/播放量×100\%$$

用户的点赞率会直接影响内容产品的播放量。点赞率高的内容产品,往往更容易得到平台的推荐。以抖音为例,点赞率达到 $3\%\sim5\%$ 的短视频作品会被视为优质作品,并会被平台不停地增加推荐量,而点赞率过低的作品则将不再进行推荐。

5)涨粉数

涨粉数可以反映网络短视频账号的粉丝净增数量,代表用户观看后愿意持续关注内容产品的意愿。

$$涨粉数＝新增粉丝数－取消关注数$$

粉丝数量的提高,并不是一个可以单纯直接优化的行为,而是一个长期经营的结果。它是创作者进行持续优质的内容输出,并基于一定的热度积累和内容运营之后,经过上述所有行为的漏斗过滤沉淀下来的结果。

5. 数据分析的意义

1)指导作品的内容方向

优质内容的产出和运营,需要依托数据的反馈来不断地进行改进和优化。

数据分析,不但可以指导短视频团队在创作初期选择适合自己的内容生产方向,同时在内容运营的过程中,可以不断地根据作品的播放量、评论量、点赞量等数据的分析来优化、调整作品的内容创作,从而达到提升流量、增加用户黏性的效果。

2)指导作品的发布时间

虽然有很多短视频作品的类型相同、内容质量相差无几,但是它们的播放数据可能会有非常明显的差距,即使是同一天发布的短视频作品,播放数据也会各不相同。这主要是因为除了作品的内容质量会造成流量差异以外,作品的发布时间和发布频率的选择,对流量的获取也有重要的影响。

每个短视频平台都有用户使用的流量高峰时间,在用户活跃的高峰时段进行作品的发布,相对来说成功的概率更大。利用数据进行分析,避开反馈不佳的时段,可以使内容产品获得更高的曝光量,取得事半功倍的效果。

(1)更新频率要稳定。

形成稳定的更新频率,既可以培养用户的观看习惯,增加用户黏性,又有助于提升账号的权重,更容易获得平台推荐。

如果时间和精力允许,可以采取"日更"的形式,每天更新一条或者多条内容。也可以隔天更新,保持两天一条或者一周两到三条的更新频率。有些内容的生产周期比较长,也可以采取"周更"的形式,每周更新一次。

无论是"日更"还是"周更",都需要注意更新的频率要稳定,不要出现时而一周更新七八条内容,时而一周只能更新一两条,甚至"断更"的情况。

(2)发布时间要规律。

由于短视频平台推荐机制的特点,一般短视频作品的数据增长大多是在作品发布后的最初 24 小时以内,超过这个时间之后,数据量一般不会再有很明显的增长。因此,内容产品的发布时间非常重要,要选择在用户活跃度最高的时间段进行发布,以便获得更高的曝光效果。

　　无论是工作日还是周末,发布时间在17点至19点之间的短视频作品都更容易获得更高的播放量和互动效果,互动占比要明显高于其他时段。除了这个时间段以外,每天的7—9点上班前、12—14点午间休息期间以及21—0点之间的睡前阶段都可以作为短视频内容发布的参考时间段。